贏在

扭轉力

孔毅 Roger I. Kung ———— 著

孔毅，Roger I. Kung，上海出生，台灣長大，現為美籍華人。曾任摩托羅拉（Motorola）總公司資深副總裁兼個人通訊事業部亞太區總裁、英特爾（Intel）經理人與領導者的角色，擁有三十多年實戰與管理經驗。

一九九一至一九九四年，擔任摩托羅拉半導體 FSRAM 事業部全球總經理時，帶領事業部由全球市占率第六名成為全球第一名；一九九五年至二〇〇二年，擔任摩托羅拉通訊事業部亞洲總裁時，帶領團隊在亞洲贏得手機市場第一品牌領導地位，該業務收益也從二億美元提升到四十億美元。

英特爾授予他「iRAM 之父」稱號、摩托羅拉稱他「手機中文化之父」，Linuxdevice.com 則稱他為「Linux 智能手機之父」，以及「交大傑出校友」。個人科技成就有：九項全球專利、超過三十篇論文發表，並獲「最佳產品設計獎」（*Electronics*, 1983）、「最佳論文獎」（IEEE, 1986）；專業成就享譽國際。

二〇〇三年在上海創立上海毅仁（E28）信息科技有限公司。二〇一三年以後分別成立「璀尼西企業管理諮詢公司」、「E28 領導力學院」，希望成為社會貢獻家，從事「影響有影響力的職場領導者」的培訓及諮詢工作；為基督徒企業家。

謹將此書獻給

我的妻子慶珊
謝謝妳一直與我同甘共苦

女兒繁婷（Julia）和兒子繁德（Jeffrey）
謝謝你們完全了我的人生

孫女祥恩（Liza）、外孫祥和（Arthur）、孫子祥安（Benjamin）
謝謝你們帶給我許多意想不到的歡樂

Content

Part 1
ENVISION
眼力▶要往哪裡走？　047

〈專文推薦〉

善用五力，開創成功人生

司徒達賢

《贏在扭轉力》是一本極有實用價值的書，尤其對年輕人而言，在閱讀本書時應可感受到一位經歷豐富又充滿愛心的長者，對大家的殷切叮嚀與期許。

本書作者孔毅三十幾年豐富而多元的企業經驗，在當今華人世界中很少有人能夠比擬。他從基層工程師做起，憑著自己的努力，在半導體以及通訊科技方面擁有許多傲人的成就，包括若干產業技術上里程碑級的研發成果。在進入管理階層以後，曾擔任當時世界一流高科技公司（Motorola）事業部負責人，以及該公司手機事業亞洲地區負責人，可說是在台灣完成大學學位、而在大型國際企業裡管理歷練最完整的人之一。

隨後他在大陸的創業經驗又讓他對經營管理產生更深一層的了解。他在本書中所談的經營管理，雖與學院派所發展的學理不謀而合，但切入角度卻大異其趣，他在世界級高科技公司的親身經驗與見聞，對僅有本土企業經驗的高階人士也有十分珍貴的參考價值。

本書有幾項特色：

首先，本書的觀點與建議是全面的。從視野、策略、領導、執行，到道德修養等各方面都有所著墨，並進而將管理者所需建立或強化的功課歸納到眼力、魅力、動力、魄力、德力這幾大類，分別深入解說。

　　其次，**本書對年輕人的職涯發展與人生規畫，提出十分正確而深刻的建議**。例如建議大家先求專精再求廣博，在自己領域中受到肯定以後再向更廣的領域去發展；以及如何在一生中，不斷深化知識，同時在健康、情感、心靈以及各種綜合能力方面，追求精進以形成自己的競爭優勢。易言之，人人都應不斷經由學習與反思，改變自己、提升自己，以突破事業上持續出現的關卡。

　　第三是指出「拐點」或「關鍵時刻」的重要性。平時我們固然應克盡職守，一步一腳印地為組織貢獻心力並不斷充實自己。但自己人生或所處環境往往會突然出現形勢的重大改變，有意追求成功的人士，應及早認知到這些改變的趨勢，及時掌握機會或「拐點」，創新突破使自己更上層樓。

　　第四是「整合」觀念的具體化。「整合」或「共創多贏」是管理的核心。本書雖然未提及此一名詞，但在許多章節中都舉出作者本身的親身經驗來說明「整合」的觀念。例如，當他身為工程師時，經常主動了解各合作單位的困難，並以為大家解決問題的心態來從事設計；擔任部門主管時，犧牲本身部門的獲利機會，為其他部門換取日本廠商的製程技術，創造公司長期的競爭優勢；領導大陸區手機部門時，以「手機中文化」的方案來取得政府單位的支持，同時也使自己公司反敗為勝，創造可觀的盈收與市占率；與客戶建立互利的夥伴關係以取得市場上的優勢等，都是「整合」或「共創多贏」的最佳實例，也是本書作者在事業上不斷成功的關鍵原因之一。

　　第五，本書內容幾乎全都是出自作者本身的實際經驗，並

經由長期而深入的分析思考，將這些經驗建構成值得大家參考的管理原則。企業界成功人士願意將本身經驗提供給大家分享的本來就不多，能將自己經驗有系統地整理成完整論述更不容易。由此可見本書作者在幾十年的工作歷程中，對其決策前的深入分析與決策後自我反思所下的功夫，以及將自己經驗分享給大家的願心。

孔毅是我中學時期幾乎每天在一起的球友與隊友。除了平時分邊「鬥牛」之外，我們曾一起組隊參加過青年會的「週末盃」、獅子會主辦的「獅子盃」，以及許多次師大附中「校長盃」等正式的籃球比賽。當時他在控球及分球方面已展現出過人的「掌控全局」、「穿針引線」的才華，在任何組合中，都是自然而然的「隊長」，幾十年來在事業上及經營管理上有如此過人成就，也可以給熱愛運動的年輕人很大的鼓勵。

五十幾年前的老朋友新書出版，我十分高興地向大家極力推薦這本好書，同時也以有這樣的球友為榮。

（本文作者為國立政治大學講座教授）

〈專文推薦〉

真正的贏家

白崇亮

　　孔毅先生要我為他的新書《贏在扭轉力》寫一篇序，當我發現其他幾位撰寫序文的社會賢達，都是我的前輩——還包括老師，且他們對孔先生知之甚深，所寫的序文早已把書中的精華作了完整介紹，不免為自己的「資淺」感覺惶恐，擔心不能把這份重要的推薦工作做好。

　　然而，當我拿到書稿開始閱讀後，卻深深為書中的內容所吸引。這不是又一本教導年輕人如何成為「贏家」的書；這樣的書已經夠多了，多到幾乎讓人走進書店會無所適從，甚至望「贏」而生厭的地步。

　　孔毅先生的這本書，有著完全不同的風貌；他固是久經歷練、卓然有成，卻從不諱言自己曾經走過高峰低谷，遍嘗人生各種滋味。他從自身經驗中所完成的深刻思考，又融入對當代企業競爭、社會現象與價值信仰的細緻洞察，完成了一本有架構、有體系，還有故事、有情感，極耐人尋味的「人生哲學」力作，才是真正讓我感到欽佩的地方。

　　且容我引述幾句閱讀中讓我玩味不已的書中佳句：

　　「創新發明的能力來自於不停的努力，以及不斷地學會去做困難的事。」

　　「當下的工作、生活都僅僅是活出與眾不同的載體，人生

的價值在於創新，最好的創新來自內心的熱情。」

「經歷了從成功到失敗到再成功，使我對成功、失敗皆深有體悟。……唯一可以衡量人生成敗的量尺是幸福感，而非財富、地位。」

「正確的信仰，決定了你格局的大小。追求信仰前，你必需先認識自己。」

從這些充滿智慧光芒的話中，讀者不難發現這不是一本教你如何成功的秘笈手冊，而是一位深具愛心的長者，和你娓娓道來，分享他一生體驗的精華。我認識孔毅先生是這一年多來的事，也正是他不畏奔波，往來於太平洋兩岸，不斷幫助許多年輕朋友走進職涯的時候。讀到本書的最後，我發現孔先生自己的生涯定位，從早年的專業者到中年的管理者，進而由多次創業而歷練成企業家，如今他把全付心力放在幫助年輕人身上，更成為一位名符其實的「社會貢獻家」。

他親自見證了自己所說的，成功的定義並非財富、地位，他這棵美好的「生命樹」，所結出的果子也正是生命的果實。

孔毅先生是一位真誠的基督徒，信仰在他的生命中成為最重要的力量。我想起聖經中有一句話說：「**如今常存的，有信、有望、有愛。這三樣，其中最大的是愛。**」如今早已贏在扭轉力的孔毅先生，正是這樣一位不斷帶給周遭人們信、望與愛的真正贏家。

（本文作者為奧美集團董事長）

〈專文推薦〉

如何成為孔毅或超越孔毅？

林本堅

　　很高興為孔毅的《贏在扭轉力》寫序。他跟我是在一九九一年認識的。我們交往的場合在教會，不在職場；我隱隱約約知道孔毅弟兄在 Motorola 擔任相當高的職位，可是不知其詳。當年，我在 IBM 做微影的研發，微影是半導體製程的重要一環；孔毅的領域也在半導體，我們在業界應該是互有所聞，可是我們卻在教會裡相遇並進一步交往。

　　當時，我初到奧斯汀華人基督教會不久，孔毅主動前來自我介紹，並邀我和他合教一班成人主日學。我們彼此看到對方用心備課、教課，學生們得造就，兩人都很感謝主。孔毅還主領一個弟兄會，我們禮拜六都要早起趕到他家聚會；另外他也在奧斯汀的德州大學做介紹學生認識主的工作。可見在他的生命中，主耶穌是德力的根源，有了德力，其他的眼力、魅力、動力、魄力才能做得好。

　　為了寫序，我有幸先讀孔毅的大作，仔仔細細逐字讀過；讀過後我深深覺得讀者真有福氣。除了當年在 Motorola 的同事，沒有人知道他事業成功的詳情，更不可能從中學習。現在他以社會貢獻家的心態，把多年的成功心得和秘訣用心地向讀者仔細撰述；這是以前很多人夢寐以求的。看到他這麼用心傳述，令我想起當年他在教會向成年主日學的學生諄諄善誘的情況。寫這本書，他展現了「利他」，最後自自然然的「利己」，

是一個很好的典範。

哪一種人會從這本書得到幫助？

孔毅對他經歷的記載：從他暑假打工，用一支掃把征服整個工廠，一直到做初、中、高級的工程師，初、中、高級的經理人，高層的決策者，創業者，社會貢獻家，所遇到的困難，和用眼力、魅力、動力、魄力、德力的解決方法，對在這些階段中的失敗者及成功者，以及想更上一層樓的有志者，都會有很大的幫助。

在這裡我必須提醒讀者們，知識和理論只提供一個開始，必須**把所讀到的放在心上，勤實習、多思考、多嘗試、多調整才能駕輕就熟，最後擁有造就成功的直覺**。孔毅的親身經驗很能幫助我們學習；他也因為願意放在心上，勤實習、多思考、多嘗試、多調整，才步步成功的。

將來如同孔毅或超越孔毅的人，必定是能活用這本書的人。若讀者只做到本書的百分之六十，成就已經不得了；縱使他不想做經理人或決策者，看了這本書，明白老闆及各層大老闆的思路，對讀者也會有很大的助益的。期待本書能在東方社會成就出一萬個、十萬個如同孔毅或超越孔毅的人。

書中有很多論點都是我非常認同的。譬如：獨立思考的能力、工作不設限的好處、一對一溝通的效力、管理情緒的需要、權威式管理的弊病、人才的培養、借力使力的借箭智慧、找出成事幫手和敗事殺手的重要、利他不自私的優點等等，在《贏在扭轉力》裡都有很精彩的撰寫。

用紙筆幫助思考、EQ 的建立、多向人請益、走在時代的

前端、主動請調，都是很有用的方法。在我的職涯中，免不了也遇到同樣的挑戰，也一關關地找到解法，禁不住和孔毅發生共鳴。在台灣（相信也在大陸）權威式的管理相當普遍，我鄭重推薦權威式管理的經理人，仔細讀「魅力」那一章的共贏法則。

我特別喜歡德力那一章，誠信和絕對的道德是成功的必要條件；孔毅在這一章講得非常透徹。記得在奧斯汀教會時，常常有人請教他成功的秘訣。他說職位到了若干的高度，大家的才智都差不多，能不能被公司重用，取勝點在誠信正直。這麼大的公司或這麼大的生意，怎能放心給一個沒有誠信的人負責呢？

書中常常提到碰到棘手的難題時，靈機一動就得到過人的主意，奠定了解決問題的方向；我認為這種靈機不是偶然一觸而發。要知道有一位愛孔毅的上帝，叫萬事互相效力，讓愛主的人得益處；這些靈機肯定是我們這位智慧源頭的上帝賜給孔毅的。孔毅一生遇到這麼多展現眼力、魅力、動力、魄力、德力的機會，也得到聰明智慧去解決問題，上帝必然扮演了一個非常重要的角色。上帝愛孔毅也愛你，要學孔毅，最有效的方法是請孔毅的主也做你的主，希望這是你讀這本書得到的最大收穫。

（本文作者為中央研究院院士、美國工程院院士，前台積電研發副總經理）

〈專文推薦〉

扭轉力，讓你無往不利

張懋中

二〇一五十月下旬，「交通大學校長講座」榮幸邀請到傑出校友孔毅學長蒞校演講，分享他在業界多年的實戰與成功經驗。會後學生提問踴躍：「關鍵時刻做出錯誤決定該如何補救？」「在繁忙的工作中如何兼顧家庭、事業與生活？」孔毅學長一一仔細回覆了學生。在這一問一答中，我也看見學生站上巨人的肩膀，看得更遠了。

孔學長在通訊及半導體業享譽盛名，英特爾授予「iRAM之父」稱號、摩托羅拉稱他「太極 PDA 手機之父」，在手機剛普及的年代，更是成功地將中文加入手機媒介語，被譽為「手機中文化之父」。「苟日新，日日新，又日新」，具備高感度、深見識的人才，才是世界需要的菁英，孔學長以高科技華人之姿立足國際企業舞台，引領手機趨勢發展，與時俱進，其貢獻與影響力少有人能出其右。

三十多年的業界實戰經歷，讓孔學長體會到不同的人生階段會面臨不同的挑戰，不同的處理方式也將產生不同的結果，且失之毫釐、差以千里，關鍵時刻如何面對、處理，成為人生重要課題。因此，他不斷強調「關鍵時刻，贏在拐點」，透過辨別關鍵時刻、做出正確決定，讓生命成為上行的臺階；更不吝在各大場合分享成功秘訣與信念，帶領職場後起之秀邁向事業高峰。

　　關鍵時刻，即是人生遇到的決定性時刻。必須做出選擇，而這選擇將深刻地影響未來，也許會迷惘、感到不知所措，但這是考驗並揭示心之所向的一刻，更是邁向成功或走入失敗的轉捩點。如**德國思想家歌德所言：「成功的人是抓住時機的人」**，端看關鍵時刻來臨，你是否能辨別、把握機遇，讓一生多為上行之旅。

　　我的生涯也歷經多次十字路口抉擇，台大物理系、清大材料研究所、再到交大電子所博士班，兩次研究學門更換及三校校風浸潤，增長了我的眼界及為學方法；在洛克威爾科學中心取得重要研究成果後，進入 UCLA 開始長達十八年的學術研究與教學生涯。屢屢在生涯的十字路口，我幸運地做出了關鍵性的選擇，此刻回望過去，每一次的抉擇，都造就我更上層樓、邁向遼闊。

　　拜讀《贏在扭轉力》一書，孔學長分享從美國無線電公司（RCA）轉職 Mostek 公司、再跨入通訊產業的歷程，其洞見先機的本事，令人欽佩。當時進入 RCA 後，為追隨時代脈動，他從半導體工程調任電路設計，再請調研發部門，扎穩無線電產業實力；後經由《華爾街日報》報導發現 RCA 影響力已逐漸下滑，決定開始尋覓新方向。為學習最新的記憶體元件 MOS 技術，毅然南遷進入 Mostek，以努力學習、參與設計為目標，正式進入半導體世界。他總是習慣走較艱難的路，為了持續學習，加入摩托羅拉（Motorola）半導體部門，他和上司兩人共同設計全世界最早量產的 64K DRAM，使摩托羅拉全球市占率從第六前進到第一，奠定他在半導體業極高聲響；後

來跨入通訊產業，擔任摩托羅拉亞太通訊業務總裁，帶領團隊在大陸、台灣市場贏得手機市場第一的領導地位。

　　儘管一路充滿挑戰與挫折，每一次的成功都更指向開闊。洞悉世局的孔學長將經驗化作指南，從人類基本潛能開始，指引讀者透過眼力、魅力、動力、魄力、德力掌握要津，深入淺出地以理論與實務說明如何運用五力，鼓勵讀者爭取屬於自己的思考主導權，擘畫成功藍圖。**三十多年實戰經驗，讓孔學長精闢點出如何在競爭激烈的社會突圍而出；人生五力衍生的平衡力量，則是奠定他成為企業家的穩固基石。我想只要讀者能具備這五力，也將無往不利。**

　　《贏在扭轉力》無疑是作者用一生累積的經驗出版的心血結晶。每一篇章節、故事，都展現孔學長自我期許成為社會價值貢獻者，幫助遇到挑戰的莘莘學子、社會新鮮人乃至企業高階管理人，在面對關鍵時刻有清晰的思路做智慧的判斷，對「有所為，有所不為」有更深層的想法。他也開設企業培訓課程，從企業真實案例切入帶出實用原則，幫助企業家解決瓶頸問題，提升領導力與競爭力，透過知識與經驗的分享與傳承，為社會、企業帶來向上提升的無形力量。深植在孔學長心中的教育使命，讓他不僅是成功的企業家，也是有遠見的教育家。

　　書裡，還藏有許多精彩經驗與好故事。請預備你的心思、你的行動，與作者一同登高致遠，邁向能結豐富果實的人生！

　　　　　　（本文作者為國立交通大學校長、中央研究院院士）

〈同事推薦〉

他們心中的 Roger

Farooq Butt，Dell 策略長

　　Roger 的領導風格是積極強勢卻又冷靜泰然。在「遠見」這個字眼被濫用的時刻，他展現了真正的洞察力，並且正確地形塑了這個產業。Roger 打造一流的團隊，其中涵蓋許多不同人才。他關注的焦點一直是「學習和發展」，也絕不允許團隊裡的人畫地自限或驕矜自滿。他總是推動團隊去尋找機會、超越極限。他能帶領 PCS Asia 走向巨大的成功，絕大部分原因便是來自於此。

　　Roger 是個有原則的領導人，從不抄近路、走捷徑。如果成功意味著要作弊，這絕不是他想要的。他一貫的聲明不是「去做！」而是「一起來做吧！」他傳達的是熱忱、熱情和尊嚴。我和 Roger 共事的經驗深刻而充滿意義，他給我做一個領導者的工具與方法，直到今日仍然受用。他是一位真正的導師和朋友。在他帶領下，我得以成為一個真正的領導者與決策者。

Vincent Cheung，Waterway Asia Ltd. 共同創始人

　　人們總是來來去去，但是，如果有個人能為他的同事留下難以忘懷的事務，這就非常值得一提——這就是 Roger 所做

的。他是摩托羅拉亞洲區的傳奇，不論是對大陸、對手機產業、對工程界、對創新與創造力、對供應鏈管理、對領導力，還是對新世代的年輕人……

Chris Colonna，NAVTEQ 策略管理

Roger 熱中於讓他的團隊覺得他們共屬於一個大家庭，也讓他們覺得工作充滿樂趣！

Roger 是我職業生涯中最尊敬的領導人之一，現在是，以後也是。回頭看他的領導，再與我時下看到的領導方式作比較，我要說，我們需要他回來再次帶領我們！今日的領導人讓所有東西的水平都下降了，還對此毫無線索——這全是因為今日的老套作風。他們太懶惰了，賺大錢卻什麼都不做，真令人羞恥。但 Roger 不是這樣，他跳進來用熱情地激勵每一個人。信不信由你，在我的團隊中，我確實使用著 Roger 的風格和他們一起努力工作，以履行他的教誨。現今的領導人只看見短期策略，大陸人有種遊戲叫做「圍棋」，每一個領導者都應該學會這個遊戲——它是關於長期策略。Roger 肯定練過圍棋！

Roger 的領導力非常罕見，這點體現在他能夠和摩托羅拉的核心團隊工作，克服了公司內政治的界線讓寒冷的大陸手機市場成為亮點。我的職責是和核心團隊連結，並將我們在亞太地區的產品需求注入核心計畫。Roger 很好地教會我如何做到這一點。也許有一天我會找到另一個 "Roger"，他們是領導人中的稀有品種，擁有對領導的熱情、對樂趣的熱情，以及對技

術創新的熱情——在今日，這樣的領導人很難找到了。

Roger，非常感謝你給我機會，讓我能在你的領導和指導下工作！

Kathryn Feld，英特爾公司工程總監

我相信 Roger 留給世人的領導風格就是「參與」。他的風格將合作提升到一個新層次，他的獨特能力可以將組織裡的所有領域，從工程、產品營銷、市場銷售和服務，通通平等地拉進平台；在那裡，每個團隊都確實地知道要推動 PCS Asia 成長需要做些什麼。

作為一個負責把即將推出的新產品引進亞洲的工程經理，我清楚地知道舊商品的過渡計畫，特別是這個前任商品的詳細商業資訊，還有關於新商品的引進時機將如何影響當前的業務季度的種種資訊。Roger 堅決果斷的參與程度，確保了團隊的所有重要成員了解「我們」將如何進行並超越我們的目標、邁向成功。

Roger 驅動結合商業與工程優點的重要性，讓頂尖的業務線與優秀人才得以成長。他抱持著高水準的個人責任，以一貫不變的尊重、認可人的態度，做到了這一點。

Tom Guo，東方園林高級副總裁、集團董事，兼苗木板塊總裁，苗聯網董事長

我對孔先生的最深刻印象在於他的遠見。在一次內部管理層會議中——大概是在二十年前——孔先生就描繪出今天智

慧手機的應用場景，就指出了手機必定智慧化、並取代個人電腦；手機如同個人錢包一樣是人類的必需品。今天回想起來，不得不佩服孔先生的遠見卓識！

此外，孔先生是外國公司在大陸率先推動管理團隊本土化的先驅者。摩托羅拉在大陸推出了各種幫助本土團隊成長的培訓計畫，例如 CAMP，培養了一大批管理人才，目前這批人才是大陸資訊產業和互聯網產業的中間力量！

孔先生最讓我感動的是對於個人尊嚴的肯定，這是老摩托羅拉的核心價值觀。在我眼裡，孔先生永遠是導師、是益友，讓我懂得，我們不但要努力工作，為公司、為自己創造財富，更要為自己、為國家獲取尊嚴！

Chris Kremer，Success Catalyst 創始人

Roger 對人有敏銳的判斷力，並且知道如何激勵他們。他始終明白，要激勵人們贏得成功，要先讓他們覺得這個目標非常重要，而對這個目標來說，他們也同樣重要。他巧妙地把時間用來了解人、組織制度，以及激勵團隊達成超越預期的成果。他持續打造出比預期更好的結果，激發了我去仔細觀察、學習，也讓我最終效法他的領導方式。

Roger 很善於與人連結，以此為了解問題、克服挑戰和利用機會等方面建立有意義的脈絡。在商業的比賽中，他的團隊始終是獲勝的一方。他總是確保每個人都明白自己為什麼很重要，以及為什麼實現企業目標對每個人來說很重要。

Roger 委任他的領導團隊來執行計畫，並且巧妙地幫助個

人和團隊為結果負責。重要的是，他熟知不能在任何企業領域做「過度管理」或「微觀管理」。他的委派是以信任為基礎，並且透過激勵人們完成他們預期的成果來達成目標。為 Roger 工作的經驗和從中習到的功課，在我進化為領導人的過程中，獲益極大。

C.P. Lee，MFLEX 全球人力資源副總裁

身為企業的領導者，Roger 了解市場的情緒，掌握他所領導的人的脈動，能凝聚所需的資源，比競爭對手更好地服務顧客，並且以嚴守紀律的態度執行業務計畫，藉此完成一個接一個的戰略目標。

身為一個人，比起說話，他更常傾聽。他讓別人深信他無懈可擊的理念，對於在大陸培養年輕人才展現濃厚的興趣，堅持自己的承諾、並要求團隊成員尊重；他總是謙和待人，以高度的道德原則與人來往。

孔先生讓我印象最深的就是承諾的重要。一旦簽訂了協議，承諾就會堅持到底，直到達成預期的結果。這意味著沒有藉口、沒有責備，只有完成事情的決心和毅力。此後，在我的職業生涯發展中，我一直抱持著這樣的價值觀。

Brian Lu，蘋果公司副總裁兼亞洲區、大中華區銷售總經理

幾年前，有一次我在摩托羅拉的一群同事聚會中談起通信業的變化，一位年輕人侃侃談起摩托羅拉曾經在大陸的傲人業績：領先的產品、眾口皆碑的品牌、令人敬畏的市場占有率。

他總是提及當時摩托羅拉在亞洲的負責人孔毅先生，栩栩如生地講述了許多孔先生的故事。我受孔先生直接領導八年，卻怎麼也想不起這位年輕人，於是問：「當時你在摩托羅拉的哪個部門？」他停頓了一下才說：「我當時還沒加入公司，這些事都是聽同事講的。」「那你見過孔先生嗎？」「見過照片。」

其實，他談起的很多事情，我都是親身經歷；不禁感歎，孔先生怎能有這樣的影響力，讓從未共過事的年輕人都如此推崇？儘管離開摩托羅拉十幾年，每次大家聚會都會談及孔先生。在摩托羅拉乃至大陸通信界，孔先生是個傳奇的人物。是什麼讓孔先生成為如此出色的領導者？ 如果當時是孔先生領導摩托羅拉全球手機部，情況恐怕會大不一樣。

孔先生有很強的產品能力，無論以前在半導體行業，還是後來在手機業，產品創新是他的特點。在別人都在談「滿足用戶需求」時，他的理念已經轉變為「領導用戶」，直到目前，全球也只有少數幾個公司有勇氣、有能力做到這一點。當時的摩托羅拉手機全球市場盡失，但亞洲區始終保持優秀的業績，並在許多國家市場占有率第一，主要勝在產品。而成功的幾款產品，幾乎全是由孔先生主導的團隊在亞洲本地研發的。產品是公司成敗的關鍵，領導者是產品的關鍵。孔先生作為摩托羅拉在亞洲區的領導者，無疑是許多年前摩托羅拉在亞洲成功的關鍵人物。

不僅在研發產品時強調「領導使用者」，孔先生在經營上也始終強調創新，要求與眾不同。每次討論工作，他最多的提問就是「有什麼新的想法嗎？」、「還有不同的方法嗎？」長時

間在孔先生的領導下工作，不知不覺讓我養成了喜歡找出新思路的習慣，從不對現狀滿意的風格。這對我後來的職業發展有很大的幫助。從孔先生身上，我學到創新不只局限於產品，而能滲透到工作的方方面面。

孔先生不僅在產品和經營上有獨特見解，而且與員工相處更有獨到之處。首先就是傾聽能力和對人的尊重。無論談話對象資歷深淺、職務高低，他都會仔細傾聽，從不貿然打斷。有一次，我和他一起同一位新員工開會，那個年輕人侃侃而談，但對公司市場不熟悉，他的許多觀點並不合理。半個多小時，我有些不耐煩，可孔先生還是認真聽，很少插話。會後我問孔先生為什麼不打斷他，孔先生認真地說：「每個人都有好的觀點，要尊重別人。」

看上去只是傾聽，實際上是對人的尊重。當一個員工被認真傾聽時，他的思考能力會被激發，當員工感覺被尊重時，他會更努力地為公司工作、不斷創新。因此傾聽能力是一位成功的管理者必備的要素。但這聽上去簡單做起來難，特別當人身處高位。孔先生在這點上做得非常出色，在他心中，對每個人都十分尊重。

這裡我講一個自己的故事。在二〇〇〇年，我的女兒診斷出天生帶有一種較少人得的疾病，當時由於醫生沒有經驗，告訴我們沒法治癒。這個消息猶如晴天霹靂，擊垮了我和我太太，我們太愛我們的女兒了。我立即就向公司提出申請，為幫女兒治病，我不能工作了。那段時間，我們度日如年。沒想到幾天後，人事部約談我，告訴我在孔先生的爭取下，公司特批

我們可以去全球任何醫院為女兒治病，所有醫藥費用以及行程由公司全包。人事部還提到，當他們向孔先生彙報此事時，孔先生流下了眼淚，叮囑人事部全力以赴提供幫助。所幸後來，經過大家的努力，女兒順利度過了這一關，健康成長。

現在每當回想起那段難熬的歲月，雖然是很多年前的事，孔先生的關愛及鼓勵，仍讓我們全家感激不已。這樣的例子不勝枚舉。孔先生對員工全心全意的關心和愛護，讓公司充滿溫情，也令我們對他的為人十分敬佩。

孔先生回美國了，我悵然若失。離開摩托羅拉後，雖然見面機會少了許多，但總覺得他還在大陸、就在身邊，我有問題、有想法可以隨時找他談。回想起在他的團隊裡工作多年，有時竟分不清他是我的上司？兄長？導師？朋友？但有一點十分清楚，在我的職業成長中，孔先生起了至關重要的作用。許多在摩托羅拉工作過的員工都有同感，直到現在，還經常有人講：「哪怕不給我工資，我也願為孔先生工作。」

Tom Masci，MilenniaAsia Pte Ltd. 總裁

和 Roger 共事時，我不會感到失望。他的直觀式領導，讓他在亞洲手機業務和把團隊的人發展到最好這兩件事上，有顯著而快速的變化。他是一個有遠見的領導人，擁有堪為模範的溝通技巧，這讓他能夠說服他的成員，分享他對於亞太手機市場可以並且應當成為什麼樣貌的願景。

在發展市場之前，他已經先看到了發展的趨勢。他重新安排、調整他所領導的產品發展團隊，讓他們和我帶領的銷售與

市場營銷團隊配合無間，以當時的摩托羅拉來說，這份能力非常神奇，因為那時的摩托羅拉，在全世界的經營中都看到了內部功能的衝突與失調。

Roger 對他的團隊成員忠誠得令人難以置信，他尊重他們，並經常在他們做對或做錯的事情上給予「慈父」的建議。他的口頭禪是教導和鼓勵他團隊中的每一個成員，不管他們的職等高低，讓他們努力、聰明地工作，透過協力、創意和具有彈性的策略（而且總是有一個應急的「B 計畫」以確保目標成功）來達成組織的共同目標。

待在摩托羅拉的三十年裡，我從來沒見過比他更面面俱到、更受到尊敬、更有紀律、更專注、更具遠見的經理人。他是一個真正寬容的經理人，在東方與西方的文化間建立起橋樑，帶出了個人與組織的最佳績效表現，不論他們有怎樣的背景與文化。和 Roger 共事是我的職業生涯中最難忘、最滿足的一段時期，過去如此，以後亦然。

Tom Okada，Aplix 總裁

我相信，Roger 的領導力在企業各個領域（如銷售、市場營銷、產品銷售和工程發展）所創造的強大合作與執行文化，正是摩托羅拉能在大陸、台灣市場攻占首位，以及恢復日本市場占有率的關鍵。

Jason Pan，Motorola Mobile Device 服務總監

我大學畢業就加入聯想工作，對聯想無限熱愛並伴隨著聯

想的成長而學習成長著。二○○一年底，有人邀請我加入摩托羅拉並有幸和 Roger 交流，Roger 的包容智慧和高瞻遠矚深深吸引了我，我從他身上看到了柳傳志的影子，並安排 Roger 和柳總的會面。最後，我割愛離開聯想加入摩托羅拉。

每次參加 Roger 的會議，都感到特別有收穫，他對行業的超前理解，對業務佈局的遊刃有餘，都會帶給團隊無比的信心和激情，每每想起，我都對能有機會在 Roger 旗下工作感到自豪。他對我在摩托羅拉的工作和學習影響深遠。

Roger 喜歡打籃球，在激烈的對抗中攻城拔寨，如探囊取物一般。他的熱情、激情、充滿活力，給我們非常積極的鼓勵。我一直堅持打籃球並從中感受這份激勵。

Roger 是我認知外企中最優秀的經理人，他是摩托羅拉人人稱頌的豐碑式人物，無論他做什麼，都會有很多人願意追隨。

Paul Pelski，Paratek Microwave **亞洲總經理**

我的職業生涯中最愉快的工作經歷，就是參與亞洲市場的那段時期，在 Roger 的領導下，和一個特定的摩托羅拉團隊進行我的任務。

Roger 和我以前報告過的領導人很不一樣。在面對團隊一定會有的爭論或問題時，他很少訴諸情感，更多的是合作與沉思。他明確地界定了目標，在短期達到損益的「迫切」要求以及新興的全新成長方向所需的必要投資之間，維持良好平衡。Roger 是亞洲地區 ODM 業務的「父親」──ODM 這個字眼，在九○年代還並不存在。

Ron Thomas，前摩托羅拉副總裁兼 PCS 東南亞總經理

在和 Roger 共事的五年間，他培育了許多新的經理人，特別是來自亞太地區；組織也不斷發展，將產品設計和針對亞洲市場的市場營銷都提升到最大限度。摩托羅拉能在新興的亞洲市場大幅擴展市場占有率和盈利，這是極為重要的一步。

為 Roger 工作，是我職業生涯中最積極的經歷之一，他和組織裡的其他人一樣，對我的進步與成長幫助極大。在他來到之前，這個地區頗受以美國為中心的管理人之苦，Roger 為這個地區帶來了正確的心態。有時他可以是親切的，但必須強硬的時候他也絕不讓步；在合併亞洲和摩托羅拉的文化上，他做了很好的結合。

Grant Zhou，前三星大陸手機市場部總經理、前中華英才網 CEO

1. 作為領導者，必須有強大的推進力：在 Roger 的強力推動下，手機部開始開發專門針對大陸市場的產品。如第一個中文介面的手機、第一個中文短信息的手機，以及中文 PDA 手機。我在 Roger 的領導下，建立了大陸本地的產品規畫部門。

2. 作為領導者，必須能夠給予員工適當的指導和培養：由於時代的局限，大陸本地員工主要是由技術出身、但管理和經營經驗有限的年輕人組成（我在手機部的第一份工作就是把英文的 UI 文本翻譯成 ASCII 代碼），思考問題往往局限於技術及眼前得失。而 Roger 教給大家如何把技術優勢轉化為商業優勢。大陸員工多內向、不願意爭執，而 Roger 則鼓勵大家為

了更好地完成工作而進行爭論。他多次講過：「在一個專案開始時，為了大家的面子而回避矛盾，會因此而無法完成專案，最終大家都沒面子。如果為了一個好的結果，開始時大家發生衝突，最終仍會歸於和好的。」這也成為我教育團隊的經常話題。在 Roger 手下工作過的本地員工，後來很多都成為各大公司的高管。

3. 作為領導者，必須考慮戰略層面：我在 Roger 領導下，參與策畫和領導過多項重要的戰略項目。從早期作為專案經理協助管理層在大陸進行合資公司談判和建立，到後來領導並建立以 OEM/ODM 韓國產品為核心而建立起來的大陸 CDMA 業務。在此過程中，深刻地學習到前瞻性的思維和利用對外戰略合作彌補公司的缺陷。

4. 作為領導者，必須有能力在多元文化的環境下帶領團隊：Roger 的團隊包括來自美國、大陸、香港、臺灣、新加坡、馬來西亞、韓國、日本等十幾個國家和文化背景的員工；Roger 顯示了卓越的領導力和親和力。我在此期間也學到了領導跨國團隊的技能和經驗，為後來的職業發展打下堅實的基礎。在摩托羅拉──特別是手機部──工作，使我得到了從初級職員進入高管的經驗和技能。

〈前言〉
讓生命是上行的臺階，看見更遼闊的風光

　　有一次，卡內基培訓專家向擠滿禮堂的家長、學生提出一個問題：「你對孩子未來最大的期盼是什麼？」在家長們高高舉起的一大片手中，培訓專家點了幾位父母發言，父母們的盼望大致可歸納為三點：

1. 身體健康
2. 家庭幸福
3. 事業成功

　　然後，培訓專家打開投影機，播放了幾個很有權威的統計資料，結果一屋子的家長發現，原來自己和世界各國的家長都一樣。

　　有時候，人們並不清楚自己最想要什麼，但是都很清楚最想讓自己心愛的孩子擁有的是什麼，而這份最熱切的盼望，也正反映出我們自己內心對於人生最深刻的渴望。

　　雖然「身體健康」、「家庭幸福」、「事業成功」這三點具有普世性，基本上囊括了人生在世掙扎奮鬥的所有目標，卻不是那麼輕易就能達到的；也正因為如此，如何贏得它們成了人們最深切的關注。

　　關於人生，南加州大學的哲學教授韋勒（Dallas Willard）曾做過非常精闢的分析，他把人生分成四個階段，並用四個英文字來概括（簡稱 4S）：

1. 奮鬥（struggle）
2. 成功（success）
3. 意義（significance）
4. 服膺（surrender）

　　首先是「奮鬥」，也就是努力爭取成功，這是我們從小到大求學、工作的過程；之後是「成功」。第三階段是「意義」，也就是用自己在前兩階段獲得的資源、經驗、知識和能力去幫助別人，而感受到滿足。在這個階段，幫助別人的初衷無論是出於某種程度的嘩眾取寵，還是對人生意義的追求，到後來多數人都會被由此而來的滿足感深深吸引，並引發進一步的思考。

　　在最後階段的「服膺」，意味著所做所為完全與自己的生命目的契合，心裡充滿平安及意義，只有在此時，方是找到心靈的終極歸宿，在清晰地認知並執行自己的使命，而達到靈、魂、體完全整合及和諧的天人合一境界。

　　不過，韋勒教授沒有進一步分析，在不同的人生階段會有哪些挑戰，應當如何面對；這引發了我很多的思考。不同的人生階段一定會有不同的挑戰，不同的處理方式會帶來非常大的差異，可謂差之毫釐、繆以千里。我們在這個世界上的旅程只

有一次機會，而這一生所行是否為上行之旅，正取決於人生中面臨許多重要挑戰的結果，面對這些「關鍵時刻」的挑戰當如何處理，也就成了人生極為重要的功課了。

▶從啃老族到空虛的成功者，問題出在哪裡？

有一次到大陸南方一個美麗城市旅遊，坐在車裡看到外面成群結隊的年輕人在閒逛，我忍不住問：「今天是禮拜一，為什麼這些年輕人都不上班？」年過半百的出租司機無奈地說：「都是啃老族啊。」「為什麼不上班？」我繼續追問。司機看我一眼：「為什麼？！看得上的工作做不了，做得了的又看不上唄。」

在很多的已開發或開發中國家，年輕人從小沒有得到恰當的鍛鍊，以至於進入社會時惶恐不安或眼高手低，經不起一點風浪，有的甚至被自己想像的風浪嚇倒、退縮回父母的庇護下；啃老，成了越來越廣泛的世界性社會問題。

在啃老族中，存心想要賴在父母身上的應該不多，多數是在面對人生的關鍵時刻因一籌莫展而退縮了。也許，此刻他們還沒有意識到，自己已經在成人時的第一個關鍵時刻敗下陣來，更沒想到，自己因為在面臨挑戰時做了錯誤的選擇，而錯過上行的好機會。

這些失敗者，誤以為要贏在起點，以為要靠資格（學歷、年資、經驗、證照等等）才有機會，結果一直都在預作準備的起點打轉，無法邁開前進的步伐；或是在比賽中碰到困境，又

退回到準備的起點，始終無法抵達終點。

人生的每一次退縮，不只是一次機遇的浪費，更是踏入下滑的一步，以後要面對的只會是更加艱難的旅程。除非整理自己的心思、勇敢接招，學習和培養管理人生的智慧和能力，否則人生的旅程還沒真正開始就已經不斷下滑了。

即便是對已經勇敢上了職場的人們來說，如果沒有恰當的訓練和學習，奮鬥也不必然帶來成功。職場上諸多的酸甜苦辣，已讓許多人對自己面對關鍵時刻的一籌莫展深感遺憾。最令人扼腕的是，當職涯中那些決定性時刻出現時，很多人根本就沒有即時辨識出來，平白錯過了很多上行的機緣。

事實上，即便是所謂的成功人士，也不見得擁有幸福人生的三點。當卡內基培訓專家接著挑戰那滿滿一禮堂家長、問誰願意為自己的人生打上完美的幸福指數時，只有一隻孤零零的手。

我遇到過很多在他人眼裡是光鮮輝煌的業界精英，他們輝煌的背後卻是種種的困擾和迷茫，有的在家庭關係中陷入了困境；有的在管理企業時，面對公司內外各層面的需求卻理不出頭緒來；有的身體出了狀況；也有的在這三方面都問題重重。

我也遇過一些非常成功且胸懷大志的企業家，他們在事業成功時期望為社會貢獻一些正能量，但內心深處卻因在奮鬥的過程裡丟失了天命，以致茫然于不知心靈的家園在哪裡，不知如何讓自己的身心與靈魂深處的自己達到完全的和諧。

沒有人初入職場就打定主意想陷入困境，沒有一個年輕人是一心只想成為啃老族，也沒有哪個高階經理人或企業家，是

想把自己或公司帶入絕境，更沒有人在結婚時就打定主意要把婚姻和家庭搞得一團糟。正好相反，人們無不是帶著宏大志向及滿心期望開始的；但是，不知為何，卻發現不知不覺中已陷入了困境。

看多了接觸多了，心中就有了個越來越強烈的願望，希望自己能在有生之年，繼續做社會的貢獻者。寫這本書，期望能提供些什麼呢？

安靜思考的結果是，我發現無論是職場問題、家庭問題、社會問題或者是心靈問題，都可以總括為一個問題：「**關鍵時刻，我們該怎樣認識人生的轉捩點（即拐點）？在每一個轉捩點上如何引領自己的人生？**」

本來只希望能幫助到遇到挑戰的業界精英，開始著手以後才發現，其實生活中遇到挑戰的不只是這些具有決策或影響力的人，從學生、社會新鮮人、到事業發展至各個階段的職場人士，在人生的某些時候，都會有不得不面對的關鍵時刻，都需要有智慧的思路和解決方案，以扭轉局勢。

於是，如何提供讀者在面臨不得不日日面對和解決的問題時，有一個「**更敏銳的觀察力**」及「**更清晰的思路**」，進而做出「**更有效果的解決方案**」，就成了我的首要目標。

不過，本書預備行也預備心。除了培養不變的品質、訓練應變的能力、採取多元的行動來應對多變的問題；也操練人心能更佳地面對嚴峻的現實，並在工作和生活中獲得真正渴求的深度滿足。

美國總統羅斯福曾經說：「**在任何一個關鍵時刻，最好的**

決定是正確的決定，其次是錯誤的決定，最糟糕的決定就是沒有決定。」真誠期望本書能夠幫助讀者不但做出決定，而且做出最好的決定；並且在每個問題的解決過程中，不斷提升自己解決和預測問題的能力，使人生的每個關鍵時刻，都成為上行的臺階。

▶面對 XQ 時代，贏在扭轉力

自二〇一五年起，人類文明史的演變進程，已正式進入後資訊時代，開發中國家已進入十倍速時代，環境變化速度快得令人目不暇給，只要稍不注意，就可能被無情地淘汰。而且大多數成功者都不是贏在起點，而是贏在拐點，且若想要出人頭地，不僅得重視 IQ、EQ，還得重視 XQ（變商）；唯有練就過人的 XQ，才能擁有過人的扭轉力（torsion force），在眾多競爭者中脫穎而出。

首先提出 XQ 的，當是《時代雜誌》（*TIME*）；其曾以「你的 XQ 多高？」（How high is your XQ ？）為封面主題，探討XQ 的重要性。《時代雜誌》指出，越來越多企業在徵才時，特別檢視求職者的個性、人格特質，避免在錄用後，其個性、人格特質與產業需求不合，雖然才華出眾、認真努力，無法適應環境的變化，最終水土不服、掛冠求去。

在本書中的 XQ，**X 指未知數，XQ 則是面對未知挑戰的能力，即扭轉力。** 在同學會蔚為風潮的現在，不難發現同儕中最有成就者，不一定是昔日成績最頂尖者，而是在今日可快速

解決問題、適應環境者，其勝出的關鍵，便在於擁有較高的
XQ。其實，諸多職人及企業家之所以成功，憑藉的不只是高
IQ、高 EQ，還有高 XQ，但高 XQ 卻最常被外界忽略。

在十倍速時代，無論是職人、企業，成功速度雖較昔日
快上十倍，但失敗速度卻也較昔日快上十倍；職人唯有兼具
IQ、EQ、XQ，才能在職場上站穩腳跟、出類拔萃。

在此之前，成功者多數贏在起點，憑恃的是學歷、經驗、
年資、知識、證照；今日，想在職場上出人頭地，最佳途徑當
是贏在拐點，鍛鍊在關鍵時刻可反敗為勝、超越逆境、解決困
難的扭轉力，即眼力、魅力、動力、魄力、德力等五力。

由於職場、產業環境瞬息萬變，光擁有競爭力、領導力，
仍猶有不足，還得補強扭轉力，方能因應各種變化，在關鍵時
刻無所畏懼，不僅可化險為夷，更可化危機為轉機。倘若不知
補足扭轉力，一遭到困難、險阻，卻不知運用 XQ、想方設法
變通，勢必將不斷重回起點，最後身心俱疲、優勢盡失，卻永
遠無法抵達成功的彼岸。

近年來，職場、產業環境皆與昔日大異其趣，XQ 重要性
亦與日俱增。要在高速競爭中勝出，就必須搭上全球的市場與
資源，因此企業競爭導向不再是「今日產品競爭」（competing
for today's product），而是「創造明日市場」（creating tomorrow's
market）的競爭；企業的組織、架構亦從昔日的垂直整
合（vertical integration），轉變為虛擬整合（vertical integration）。

企業營運的核心不再是維護規則與層級（rules &
hierarchy），而是追求願景與價值（vision & value）的認可；

而職人的價值，扭轉力的重要性，已與解決問題的能力並駕齊驅，前者倚賴 XQ，後者則仰賴 IQ、EQ。

我特別強調，今日若無法創新，成功機率微乎其微。因為，現今在各主要產業，皆由一獨角獸（unicorn）寡占；例如，微軟、蘋果、Google、FB、騰訊、阿里巴巴皆獨霸一方，現仍無可撼搖其優勢的競爭者。雖然獨角獸橫行，且難以與之抗衡，但相對於往昔，十倍速時代卻提供了更多創新、創業的空間，只要發想出具可行性的創意，若有及時的資金、人才的奧援，再找到正確的商業模式，可能在短時間內便一飛沖天，蛻變為新的獨角獸。

本書希望可提供讀者四種全新的角度、思維，使其面對人生、職涯的種種挑戰，有更充足的信心與準備：

- 介紹一個新時代：十倍速時代
- 顛覆一種舊思維：成功者不是贏在起點而是贏在拐點
- 揭櫫一項新智慧：XQ，即變商
- 啟示一種成功力：扭轉力

〈序章〉

何謂關鍵時刻？

▶關鍵時刻的定義

關鍵時刻（defining moments）的基本定義是：「一個事件的發生決定了以後所有相關事情的發展，而且面對此決定性時刻你必須作出選擇；若作對選擇，你的人生（或職涯）就能往上行好幾步，若作錯選擇，則下滑好幾步。」

什麼樣的時刻是這樣的決定性時刻呢？

- 面對人生難題迷茫不知其解的時刻
- 為工作愁眉不展的時刻
- 被突如其來的事件衝擊而不知所措的時刻
- 一個讓你覺得很不合理或自尊心受挫的時刻
- 有很多選擇、卻不知如何定奪的時刻
- 有太多需要改變而無從下手的時刻
- 面對難題讓你想要轉身逃跑、想請別人替你解決的時刻

此時，你需要的正是擦亮眼睛、尋找挑戰的機會。因為這個決定性時刻會把你逼到某個位置，迫使你對自己和周遭的環境做出清楚的認識、並激發你藉著此認識去做出決定。不過，

要認出自己人生中的關鍵時刻，並不是一件容易的事。

關鍵時刻有個重要的特質：「**在此決定性時刻，所處的狀況或環境，是一種考驗和考察，能夠揭示一個人或團體的最根本本性，和內心最深處的渴望。**」

因為在整個過程中，你的本質和品行會被迫清晰地展現出來，如果在此時，能聆聽自己的聲音、遵循內心的指引，而且是有意識地審視這些本質和品行，對個人或團隊的成長是非常寶貴的機會。因為這種內視帶來的結果是：不但能夠改變當前的境況，還能給自己或團隊一個更新更深更廣的自我認知，從而改變和提升自己或團隊的潛能，達到從未想過及預料的結果；更重要的是，可以帶領你或團隊走上順天應人的路途。

所以，當你遇到一個境遇的第一反應是退縮時，就要提醒自己再考察一下，也許這就是一個重大的關鍵時刻。因為人類的本性是求安逸的，是不歡迎充滿著動態和變數的關鍵時刻──當碰上了，常常第一反應就是退縮。

關鍵時刻處理得好，不但在解決問題的進程中往上走一步，也會讓人信心大增並進而整合團隊，產生積極向上的態度，期盼將要發生的新挑戰，形成一種進取的良性迴圈。

處理不好，不但個人事業受挫、接著要面對更多的團隊問題，對自己的能力和信心也會是沉重的打擊，使人產生消極退縮的態度，不敢面對搞砸的現狀，更畏懼以後將要出現的挑戰。

總括來說，關鍵時刻多半看起來像是個逆境，但真正的涵義卻是個轉捩點，是一個幫助你聆聽內心聲音的時刻，因為這

個時刻可以：

1. 重新定義你的人生意義，使你更相信自己
2. 重新定義你的人生目的，幫助你衝破逆境
3. 重新定義你的真實身分，活出唯一的自己
4. 重新定義你的成功價值，找到當行的天命

▶如何面對關鍵時刻？

　　辨認出關鍵時刻之後，就需要有效的應變能力了。這種扭轉局勢、改變發展方向的力量，如〈前言〉所述，我稱之為「扭轉力」（torsion force）。扭轉力細分有五個層次的力量（五力），這五個層次對應人的五種基本潛能，具體的外顯表現則是我們一般看到的「管理」和「領導」兩個面向。需要澄清的是，管理不是只有「管理他人」而已，也可以運用在「自我管理」，管理的真正精神是自律律人；同理，領導也不是只有「領導他人」，也可「自我領導」，其精髓就是中華文化裡「己達達人」的境界。

　　本書冀希能以我豐富的職場歷練為素材，由三十多年的「管理和領導」實務經驗，凝聚出具體的扭轉五力操練法則，進而激發讀者應用這些潛能，有效解決生活或職涯上碰到的問題並改變局面，使自己的人生穩步向上向前。

　　對應人的基本潛能的扭轉五力分別是：

1. 眼力（envision）
2. 魅力（energize）
3. 動力（execute）
4. 魄力（edge）
5. 德力（ethics）

　　面對現狀不滿的時刻、並且希望化危機為轉機，首先需要的就是有「**魄力**」去作出艱難的決定，而且必須既能勇於擔當可能的負面後果，也要有膽識做好應變工作。一旦決定改變，下一步就是要面對問題，也就必須要有能夠找到解決之道的「**眼力**」；眼力是人追逐夢想和願景的能力，也是評估局勢並改變方向的能力。

　　每個人都必須與別人相處合作，同時照顧到自己和別人的情感需求是重要的，「**魅力**」能夠在任何情況下，尤其是負面的環境中，激勵自己也激勵別人。

　　再完美的計畫都必須落實到行動中，特別是在關鍵時刻如何解決難題？「**動力**」能夠讓人在行動中發展出一套可行的計畫，並且堅持執行直到目標達成。

　　藉著這種執行力把決定性時刻帶往何方，最終取決於人的「**德力**」。德力不只是講誠信或是一個更高的道德標準，而是能讓個人或企業長期成功的能力，因為它起了區分的原則，讓人在面對重要又有爭議的事情時，有平衡的作用——在妥協中仍能堅守自己的道德底線。此外，解決問題不可避免地會出現有差錯的時候，這時，還需要有承認做錯決定或沒做成事的能

力。這些能力從根本上來說，都屬於人的德力範疇。

再者，每個人都期望事業成功、家庭幸福，如果德力出了問題，這些方面也容易出現問題。人不能只為追求事業成功而養成不好的生活習慣，進而影響身體健康和家庭幸福，這都需要德力來平衡。惟有一切都建立在德力的基礎上時，人才能真正做萬事都有內心深處的平安感，也才能有健康的靈、魂、體，也才能夠得到我們內心深處真正渴望的「身體健康」、「家庭幸福」和「事業成功」。

▶人人必備的扭轉五力

這五力就像一個人，眼力代表著一個人的頭腦，任何時候要先想清楚然後再去做。魅力和動力好比是人的雙手，魅力的重點是帶好人，動力的重點是做對事。魄力則猶如雙腳，是調整應變所有事件的重心。德力代表心，指引著人良心上的平安。當這五力得到良好的發展時，就好比一個人平衡發展、身心健全；這種健全讓人面對關鍵時刻能夠臨危不亂。

對仍在學習階段的年輕學子來說，這五力是（請見圖一）：

1. 眼力，就是追逐夢想的能力：對事事好奇，不因理所當然而侷限自己的思考領域；

2. 魅力，就是情緒管理的能力：懂得相信自己、激勵周圍的人；

3. 動力，就是執著堅持的能力：懂得開創出與他人不同的做事方法；

圖一：學習階段的五力

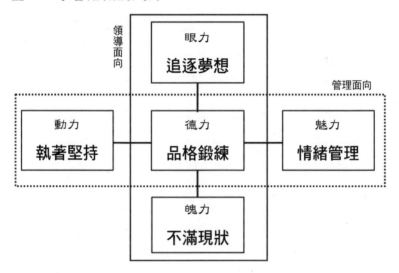

4. **魄力，就是不滿現狀的能力**：不墨守成規盲目服從權威；

5. **德力，就是品格鍛鍊的能力**：信守承諾，當個值得信賴的人。

為人父母者，應如何協助子女面對 XQ 時代？仍是不斷地補習、補習、補習，如填鴨般地灌輸各種知識？還是適時培養孩子獨立、應變的能力？

對職場上的工作者或經理人來說，這五力是（請見圖二）：

1. **眼力，就是方向能力**：能清楚說明共同的願景，並帶領同事一同追求這個願景；

2. **魅力，就是激勵能力**：能吸引人才，並引導人才盡心竭力地投入工作；

圖二：突破職場困境的五力

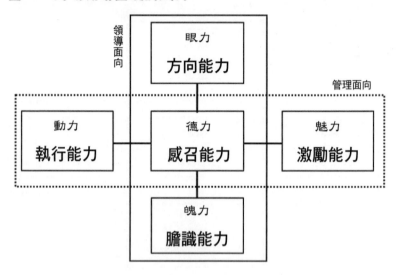

3. **動力，就是執行能力**：有能力規畫出具體可行的計畫，並堅持執行直到達成目標；

4. **魄力，就是膽識能力**：在執行任務中，可以應變所有的問題與機會；

5. **德力，就是感召能力**：面對重要又有爭議的困難時，學會妥協與堅守道德底線。

身為一個職人，應如何面對 XQ 時代？仍是不間斷地考取各種證照，或攻讀更高的學位？還是適時培養自己獨立、應變的能力？

對企業家或高階主管來說，這五力是（請見圖三）：

1. **眼力，就是策略能力**：能夠預期未來的市場需求和機

圖三：衝破企業瓶頸的五力

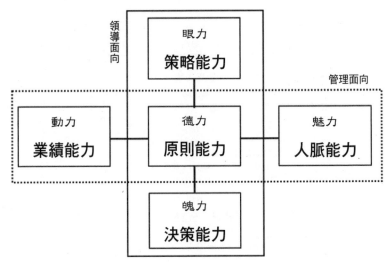

會，以及設定策略方向；

　　2. 魅力，就是人脈能力：能夠自我激勵並激勵和影響他人；

　　3. 動力，就是業績能力：在執行的過程中，充分掌握每個環節並取得滿意的成果；

　　4. 魄力，就是決策能力：敢做決定及承擔後果，並將組織帶領到更高的挑戰層次；

　　5. 德力，就是原則能力：可以堅持誠信經營、尊重他人。

　　身為一個企業家或高階主管，應如何面對 XQ 時代？仍採取舊有的營運模式，希望苦撐待變？還是適時培養自己獨立、應變的能力？

圖四：關鍵時刻→扭轉力→活出與眾不同

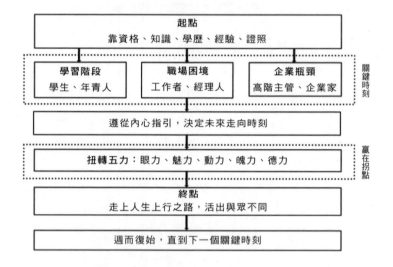

我以圖表四總結本書的期許：能陪伴讀者在面對決定性時刻、或是需要扭轉的情境、或遇到不如意狀況時，在靜中決定自己的人生，然後有魄力去改變，有確定方向的眼力，有足夠的魅力在解決問題的過程中激勵自己和他人，也有足夠的動力取得最佳結果，而且能夠在做所有這一切時，都能因為德力而擁有內心深處的平安，走上人生上行之路，活出與眾不同！

Part

1

眼力
要往哪裡走？

你要的人生，
從獨立思考開始

> 不論是在職場或日常生活，一定要努力爭取「思
> 考主導權」，不要人云亦云。但是，思考主導權不等
> 於具有發言權，若沒分別清楚是會立場混淆的。

●●●●●●●●●●●●●●

常聽到周圍的一些人感嘆：無論在職涯、生涯，總找不到
明確的方向，過著得過且過、隨波逐流的日子。終日為工作
忙碌卻一事無成，眼睜睜地看著同輩或後輩一個個加速向前邁
進，自己卻是原地踏步、停滯有如一灘死水；生活繁瑣枯燥、
找不到樂趣、找不到成就感，無奈地渾渾噩噩過一生。

書店裡教導職場、人生成功之道的書籍是汗牛充棟，為什
麼能從書本裡找到答案和方法的人卻不多呢？在我看來，有
些書籍不是沒提到關鍵因素，便是寥寥數語沒有深入，但更
重要的是讀書的人欠缺用心探討、理性剖析的「獨立思考能
力」，以致這些職場或人生勵志書最終還是發揮不了作用。

想要解決問題，卻怎麼也抓不到重點；即使想出數個解決
方案，卻在不同方案中搖擺猶豫，無法確認何者最佳；縱使
鼓起勇氣提出意見，卻因為少了獨特見解而被他人當成馬耳東

風；對長官、客戶報告，雖然講得口沫橫飛，卻因言不及義而得不到任何回應或共鳴。

造成上述種種現象的根本原因，可以歸咎於沒有「獨立思考能力」及「思考主導權」——縱使學歷再高、書看再多，少了這個訓練和能力，註定還是會處處碰壁的。

若在尋常時刻，即使人云亦云追隨權威，傷害並不大；但在終於可以展現自己的關鍵時刻，因不知獨立思考、自我遲疑，腦海中的資料知識支離破碎，想法多卻彼此纏繞糾結，導致無法在最短時間內做出最正確的決定或表現，就白白錯失可以奮力一搏的難得機會了。

什麼是獨立思考呢？獨立思考是指懂得主動思考、展現自由意志，並爭取屬於自己的思考主導權。

思考主導權又是什麼意思呢？即在與他人對話、互動的過程中，不被他人的思路、想法所影響，也不是完全順著他人的思路、想法來思考；相反的，還可以引導他人順著自己的思路、想法來思考。

獨立思考之所以是職場、人生的成功關鍵因素，原因就在於具有影響的力量。你的思考力比財力、權力更重要；一個人可失去發言權、主控權，但萬萬不可喪失獨立思考能力；一旦喪失了，大概就註定無法出人頭地了。

唯有懂得獨立思考，熟稔獨立思考的技巧，才能適時掌握關鍵時刻，晉升為領導者。在成為領導者後更得切記，其他權力皆可向下授權、甚至外包，但無論在任何情況一定得牢牢掌握自己的思考主導權，特別是在談判時。

　　子曰：「學而不思則罔，思而不學則殆。」學習、思考兩者不可偏廢。獨立思考不是漫無邊際的幻想，亦非靜靜等待靈光乍現，而是一種有系統學習的方法及能力，可重新排列、組合腦中的知識，使其從「死知識」變成「活知識」，有組織、可活用、能應變，讓人有清晰的思路；當職涯、生涯遭遇瓶頸時，可藉此能力快速找到脫困的途徑。

　　然而，當職涯生涯陷入困境時，大多數人都誤以為問題在自己的知識不足，於是拚命讀書或請教他人，結果是越拚命越亂，最後筋疲力盡。殊不知，病灶不一定是知識匱乏，只要好好思考、充分運用已有的有形無形資產，就算眼前山窮水盡疑無路，也可另闢蹊徑而柳暗花明又一村。

▶具備獨立思考的五個元素

　　如果將思考具體化，亦有其質量與向量；唯有兼具質量、向量，思考才具備動能與力量。根據我多年的觀察省思，思考的質量是指**直覺性**（intuitive）、**關聯性**（relevance），思考的向量當為**整體性**（integral）、**旁通性**（across discipline）、**預見性**（future）。

　　什麼是思考的「直覺性」？就是在龐大或不完整的訊息或數據中，能很快地看出重點或疑點。要培養這種直覺能力，有賴於持續不斷且系統化地整理消化接觸到的訊息。一旦建立了直覺能力，縱使在資訊很少或時間非常緊急的情況下，你也能想出獨特或新穎的解決方案或決策。

　　解決問題常倚賴直覺，但如何培養直覺卻最為困難。應該如何培養直覺呢？當遭遇問題、平常慣用的思維模式遇到瓶頸時，不必過於固執，應改用不同的思考模式。最簡單的自我訓練方法，就是用筆在紙上寫下自己對問題的理解，因為寫是釐清我們思路最有效的方法，若寫不下去時，要試著去找資料或請教他人，直到寫成，並養成習慣；久而久之，直覺將越來越強，當遭遇問題時，可在最短時間內直指問題核心，不受龐雜的細節干擾。

　　思考的「**關聯性**」和「**旁通性**」則是建構在直覺力下，能在很短的時間內看出訊息或問題的關鍵點、事物真相，以及觸類旁通、跨界思考、解決問題的能力。

　　思考的「**整體性**」顧名思義就是：你的直覺性判斷不是針對一個點、不是單方面的結論，而是系統性、整體性的思索。有了整體性的視野，在溝通複雜的觀念時非常有用；處理結構性的大問題時，也非得有整體性的思考力才行得通。

　　有了前面的四種思考能力，再加上對新事務的持續關注，「**預見性**」──**對未來趨勢的敏銳度、甚至創造趨勢**──也是水到渠成的事了。

　　經過獨立思考訓練後的頭腦，有如一個最好用的搜索引擎網站（就像 Google 一樣），它具備：

　　1. 在接到輸入的關鍵詞後，會在最短時間內找到最正確的資料──直覺性、關聯性。

　　2. 繼續搜索下去，能提供更完整及相關的資訊──整體性、旁通性。

3. 最後，還能拼湊出未來的趨勢、走向——預見性。

▶個人運用這五個元素的例子

我初入職場是任職於 RCA（美國無線電公司）；雖然從交通大學到美國羅格斯（Rutgers）大學念的是科技，但對半導體的了解與文盲無異，電腦更是一竅不通，一切都得從頭學起。

幸運的是，RCA 很注重員工的在職培訓，每天下班後有各領域專家開設的課程。之後二年，我特別選修電腦、半導體課程，沒有一天間斷；在工作時，更是不斷向前輩請益各種疑問。

在「聽懂」前輩的答案後，自以為對問題已徹底、全盤理解。直到有一天，同仁詢問我相同的問題，我的回答卻零零落落、支離破碎，無法說明清楚；此時我才發現自己並沒有真正理解。於是下定決心每天下班後再留在辦公室二個小時，將白天探討的議題以自己的想法重新整理、書寫下來；一旦詞窮、語塞便立即著手蒐集資料、反覆思考，或再回去討教，直到完全理解通透。這時起，我終於懂得養成獨立思考的習慣。

在職場上，職人最常遭遇兩個瓶頸：無法解決難題、發言沒有分量。為何無法解決難題，關鍵在於面對難題苦無對策，或有解決問題的靈感，卻是支離破碎、含糊不清，無益於解決問題。

發言沒有分量，原因在於發言時無法切入問題重點。在諸多企業中，當為解決問題而開會時，一開始總是眾口紛紜、莫

衷一是，但最後卻常有人一語中的、提出最佳解決方案，同時還提出其他潛在的問題；縱使過去的表現並不顯眼，但經過這次的表現之後，此人未來勢必成為公司重點栽培的潛力新秀。

想找出問題的最佳解決方案，就得憑恃獨立思考；獨立思考並不高深玄妙，每個人都可以自我訓練完成的。以我來說，書寫練就了我的思考直覺性，只是日後重看每個議題論述的三、四頁文字，仍得花時間去思考來龍去脈；後來，我強迫自己將這三、四頁的文字再濃縮、精煉為兩、三句結論。這個做結論的訓練，培養了思考能力的關聯性和旁通性。

後來，我還進階將文字所提到的人、事、物，將其關係畫成一張圖表，藉此訓練思考的整體性、預見性。有了這兩、三句結論與關係圖表，讓我不會困在龐雜的枝微末節裡，而有宏觀的視野和找出關鍵核心，有時更能預見未來。

▶如何展現思考主導權？

有了獨立思考的能力，也千萬要有訓練「思考主導權」的習慣。我在擔任摩托羅拉（Motorola）亞洲通訊業務總裁時，曾靠著這個思考主導權讓公司免於巨大的損失。

有一天，負責銷售的副總裁慌張地前來報告，說明我們的最大客戶指控我們的零組件有瑕疵，要求降價百分之十；這位副總裁提出的解決方案則是建議降價百分之五以平息事端。明顯的，副總裁已受對方思路的影響，被對方牽著走，以為唯有降價方可解決問題。

這個客戶占總體業績的百分之十，處置不可不慎。最後，我決定親自致電這家公司的總裁，提出不同先前的解決方案：每一個有瑕疵的零組件，摩托羅拉免費提供兩個全新的零組件；結果對方爽快地接受我的提議，而將公司的獲利損失降至最低。在溝通的過程中，我做的就是爭取屬於自己的思考主導權，完全沒提對方先前提到的降價賠償！

已轉型為社會貢獻者的我，在教授過的職場課程中，獨立思考是最受歡迎的課程，許多聽眾在課後告訴我，深受我的言論啟發，聲稱從今天起便要練習獨立思考。但這門課卻也是讓我最失望的課程，因為長期堅持的人非常少，半途而廢者不計其數。

原因為何？首先，我之所以領悟獨立思考，關鍵在於時勢所逼，非如此難以在職場立足，前來聽課的聽眾不一定正逢四面楚歌、腹背受敵之境，所以缺乏練就獨立思考的動力。

其次，許多人將練習獨立思考當成一個目標、一件任務，卻無意養成獨立思考的習慣。因此，發願鍛鍊獨立思考者，常常只有幾天的熱度就不再堅持；唯有堅持到已是日常生活一部分時，獨立思考方可慢慢成型，源源不絕地發想出具建設性的創意及方案！

學會思考操練，
以邏輯力說服他人

> 學習的最終目的，是學會自我學習，並讓學習成
> 為人生一大樂事。

● ● ● ● ● ● ● ● ● ● ● ● ●

尼采曾言，大多數人一離開書本便不知如何思考。離開校園步入職場，許多上班族碰到疑惑、困難、爭執時，或呆若木雞或驚慌失措；而絞盡腦汁發想出的解決方案，卻無法讓上司或客戶了解接受。此時，諸多上班族誤以為癥結在於專業知識不足；於是利用下班或假日猛讀書，甚至到補習班報到，努力考取各種專業證照。然而，即使耗費可觀的金錢和時間，考取族繁不及備載的專業證照及學位，面對困境依然無所適從。

▶東方教育不鼓勵思考

真正的癥結通常是：擁有豐沛的專業知識、經驗，卻無法將知識、想法組織化，並完整精準傳達他人。所以，應該努力的是——改變學習方式，不斷進行思考操練，讓自己不再創意豐沛卻語無倫次。

　　相較於西方，東方人普遍未受「嚴謹思考」（critical thinking）的訓練；原因在於教育制度不鼓勵學生獨立思考。東方教育是灌輸式教育，特點包括：上課定點定時、課程由教師主導，只教統一教材、試題皆有標準答案；受此規範的學生就業後，因不擅獨立、組織性思考，多半僅能提出膚淺的建議，無法進行更深度的判斷和抉擇。

　　根據研究，在大學之前東方學生表現多半優於西方學生，但在大學之後西方學生的表現後來居上、解決問題的能力隨著受教育年歲增加，兩者的差距越來越遠。

　　大學以前我皆在台灣就讀，接受典型東方式教育，原本亦不知如何獨立思考。一直到美國留學、就業後，遭遇兩次巨大的學習震撼，發覺若不徹底改變學習與思考方式，就無法在校園、職場立足；經歷數不清的嘗試、琢磨，終於鍛鍊出自我學習、獨立思考的能力，並將學習範圍擴及多個領域，讓學習成為人生一大樂事，迄今從不懈怠，終生受益不盡。

　　到羅格斯大學攻讀碩士時，我第一次感受到學習震撼。美國學習環境、方式與台灣截然不同；教授平易近人與學生打成一片，學生熱中發問，有時問題天馬行空，不斷質疑教授、書本的論點，人人為自己相信的理論奮戰，但絕非意氣之爭。

　　即便在課堂上針鋒相對吵得面紅耳赤，但教授及學生都有傾聽不同意見的雅量與風度。更令我驚奇的是，每一位教授皆準時上課、準時下課，絕不遲到早退；我才深刻體會到，尊重他人的時間是對他人最基本的尊重之一。

　　在研究所，我最畏懼的課程莫過於專題研討會；原因無

他，課程進行方式與我習慣的灌輸式教育大異其趣。每個星期教授都會挑選學生主講一個專題，題目由被挑中的學生自訂；在專題報告後開放其他學生發問，但我通常作壁上觀，全程保持緘默。

保持緘默的原因有二：首先，我不清楚其他同學為何如此愚蠢，問題總圍繞在最基本的觀念打轉；其次，我擔心在發表意見後會遭其他同學質疑、反駁。所以，每到專題研討會，我不斷看錶如坐針氈，深感時間漫長；只是，教授卻不斷鼓勵同學發問討論，讓我倍加痛苦。

即使萬般不情願，我還是被教授挑中。經過縝密的準備，加上多次演練，自以為專題報告相當完美；沒想到同學問題攻勢一波接著一波，幾乎讓我招架不住；人生第一次面對如此多的批評、質疑，讓我沮喪不已。但下課後，同學們立即鳥獸散，剛才的猛烈砲火瞬間煙消雲散。

上過幾堂專題研討會後，我發現自己在思考上有諸多未曾發現的盲點。於是，我嘗試將自己所想、所理解的，用紙筆記錄下來，當文思枯窘之際再向他人討教請益。日積月累後，慢慢發現自己的思考亦有獨到之處。

▶多向上司、同事請益

第二次的學習震撼，發生在初任 RCA 初級工程師。我發覺自己不僅與實務脫節，面對各部門的觀點歧異更束手無策。為了趕上其他同事，我被迫學會獨立思考，學會以設計、測

試、生產、品管、市場、財務等不同角度思考問題，並開始以英文為第一語言，突破與同事、上司的溝通藩籬。

經過長時間觀察，我發現各部門的爭執點在於彼此關注重點不一。同一個產品，設計部門關注性能良莠，測試部門關注可否順利通過測試，生產部門關注成本高低，品管部門關注品質好壞，市場部門關注市場價格，財務部門關注利潤厚薄。一位優秀的工程師在設計產品時，應顧及各部門的關注點，找到其中的平衡點。

為此，我常造訪其他部門，由其關注點出發，討論其對產品設計的建議，多半獲得正面、熱烈的回應。經過與其他部門同事不斷對話，強化我觸類旁通的直覺，亦幫助我建立多元、組織化的知識庫，成為我日後擔任經理人的堅強後盾。

其實，只要多與同事互動，詳讀各個部門發送的電子郵件，參加會議時專心聆聽，找尋適當機會向上司、優秀同事請益，便可獲悉最新的產業知識和訊息；並以文字記錄所聽到的知識訊息，若有不解之處當用心查證，再嘗試將文字、數據轉化為圖表，且銘記在心。經過多年的累積，在我腦海中已形成不同領域的知識模組。

若要改變學習、思考方式，就得：

● **勇於挑戰權威**
● **建立嚴謹思考**
● **破解思考盲點**

　　但謹記人事分離原則，再勇於挑戰書本、教授、上司、傳統等權威；聽聞新知後應先思辨再決定是否接受，方能建立嚴謹的思考；唯有突破單面向思考模式，發現與他人思考模式之歧異，建立整體性、多角度、有系統的知識庫，才可破解思考盲點。

▶如何進行思考操練？

　　我建議可分為三法則、六步驟，按部就班操練。

　　法則一：資訊層面處理。可分為「資訊吸收」（步驟一）、「資訊編輯」（步驟二）；強調更深、更廣、更主動、更積極地吸收資訊，並經由過濾、理解、寫下、反思，在將資訊轉化為知識的過程中，培養思考的「**直覺性**」及「**旁通性**」。

　　法則二：知識層面處理。可分為「知識整理」（步驟三）、「知識儲存」（步驟四）、「知識模組」（步驟五），知識整理是在有條理寫下的知識中，再結論出幾個重點，旨為不被枝微末節的事物纏繞並培養「**關聯性**」；再以畫出相關事物的圖表培養「**整體性**」，此步驟是知識的提煉，如此利於銘記快速吸收的新知、儲存知識，並不斷擴充知識模組。

　　法則三：發展知識應用。落實在解決實際難題，其步驟為「模擬資訊匹配」（步驟六），旨在增益直覺性判斷能力。當累積足夠的知識模組，便可應用於生活和職場。當遭遇關鍵時刻，便啟動腦中的搜尋引擎，找尋適用的知識資訊，即時做出正確的判斷，並以培養「**預見性**」。

　　最簡單的練習方式是，選擇一本喜歡的書，根據法則一、法則二寫下個人的思考筆記，如果心得超過一頁，應再將心得濃縮為幾句結論，並盡量將文字轉化為數個具關聯性的圖表。之後，再根據這數個圖表，可意簡言賅地向他人解說讀書心得，即代表思考操練略有所成。

　　欲速則不達，**思考操練成功的關鍵在於「慢」與「堅持」，與不斷地「操練、操練、再操練」**。想要在同儕中脫穎而出，思考操練絕不可或缺，其可為問題找到解決方案，為迷惑提供簡明的解釋，當局勢渾沌不清時可給予更豐富的資訊，當猶豫不決時可做出最穩妥、平衡的決定，堪稱邁向成功的第一門課！

　　倘若可從童年、青少年時便開始練習獨立思考，自當事半功倍。父母可用子女喜歡的方式誘導子女閱讀一篇較長的文章，並要求他們寫下十條心得；若他們無法寫出十條心得，就請他們再看一次文章，直到寫出為止。

　　每篇文章的作者，皆有其思考模式，反覆瀏覽、閱讀，為的是徹底了解其思路，而在撰寫心得的過程，目的在於擺脫作者的思維模式，練習獨立思考。在子女寫出十條心得後，父母應鼓勵子女再將心得濃縮為兩個結論，並嘗試以圖表貫穿統合；久而久之就能得心應手，思考亦將更加順暢。

　　一般職人鍛鍊獨立思考的最佳時刻，是被指派當會議記錄時。絕大多數的會議記錄皆是枯燥、無趣的流水帳，幾乎無人願意閱讀；不過，倘若記錄者可綱舉目張地重整會議記錄，不僅摘錄會議記錄的重點，還另製圖表與關係圖，相信必讓所有與會者耳目一新，從此刮目相看。

　　會議記錄常被忽視，被指派擔任會議記錄者也是資淺員工；然而，此工作頗為重要，更是部門、企業前進的指南。若以上述說明的態度撰寫會議記錄，既可深入了解其他與會者的意見，又可訓練獨立思考，且能彰顯自己對工作的用心，堪稱一舉多得。

志向遠大就下定決心
走在時代的前端！

人生在世切忌埋頭苦幹，而要抬頭苦幹。

· · · · · · · · · · · · · · ·

在社群網站和即時通訊軟體風行之後，許多人找到失聯已久的大學、高中、國中、國小同學，甚至連幼稚園的童伴都找到了；結果舉辦同學會幾乎成了全民運動。現今不只青少年熱中參加同學會，連在職打拚的中壯年人、甚或已退休長者，也興致勃勃地參加起各種同學會。

幾場同學會下來，或許會發現有個非常特別的現象：當年成績最頂尖、最被看好的班上風雲人物，不一定是今日成就最亮眼的人。反而是讓老師頭疼的麻煩人物、令父母憂心的不安份子，現在卻事業有成、飛黃騰達。其實，學校成績優劣與職場成就高低的相關性從來就不高的；尤其是大學同學，才智都在伯仲之間，但日後的發展卻差異甚鉅，關鍵在哪裡呢？

▶有成就的人生，從有目標開始

哈佛大學曾進行一項研究，調查一群智力、學歷、家庭背

景相去不遠的年輕人。採訪對象中有百分之二十七的人完全沒有任何目標，百分之六十的人有模糊的目標，僅有百分之十的人已訂定清晰但短程的目標，擁有明確且是長程目標的人只有百分之三。

二十五年後，哈佛大學再次追蹤這批人發現：當時沒有任何目標的百分之二十七的人，當下的工作大多不順利、生活窘困，也容易怨天尤人。至於當時僅有模糊目標的百分之六十，工作、生活是穩定而平淡，但幾乎都為職場的中、下階層；訂定清晰但短程目標的百分之十，多數已成為各產業的中、高階主管。至於擁有明確且長程目標的百分之三，經過二十五年的努力不懈，個個皆位居要津，更不乏為社會菁英、企業領袖。

哈佛大學的這個長期研究說明：有明確且長程的目標，是邁向成功不可或缺的因素；但我認為，此目標還要加上一個要素——必須**符合時代的潮流**，否則即使全力以赴，努力的結果也會因時代的變動而成為明日黃花。

我讀交通大學電子物理系時，班上有幾位成績相當突出的同學，他們最後都選擇進入學術界，現在是在大學教書的教授。雖說鐘鼎山林人各有志，只是我卻認為：以他們的才智卻沒能參與這三十年來翻天覆地的電子產業，是令人覺得可惜的事。

還有一個鮮明的例子。二十世紀的七○至八○年代，化工產業正值巔峰期，薪資佳福利優，是當時化學系、化工系畢業生就業時的首選，僅有少數人選擇剛崛起的半導體產業。但至九○年代以降，化工產業成長趨緩，半導體業躍居明星產業；

進入半導體產業任職的化學系、化工系畢業生，這三十年來累積的發展和收入，遠超過在化工產業的同窗。

時代的前進腳步永不停止，也絕不等待任何人。隨著科技日新月異，生活變換的速度越來越快，今日風行的事物，到明日可能已成歷史，若不想成為落伍、與時代脫節，而是與時具進、持續走在時代的前沿，就非得掌握趨勢不可。

▶具方向性的學習

那麼，如何獲悉世界與時代的趨勢風向呢？我的建議是：

一、應養成閱讀優質書籍、雜誌的習慣，每年閱讀幾本探討未來趨勢的書以及訂閱報導趨勢現象的中文、英文雜誌。

二、在網路時代，數位世界的內容也是觀察時代趨勢的重要指標。不過，與其日夜都在茫茫網海中「閒逛」、「瞎逛」，看些膚淺不切實際的資訊；不如定期瀏覽內容深入先進的TED網站（中英文都要看），而且網路上有許多全球知名大學的開放課程、重要研究機構的開放課程，這些也都是掌握世界脈動、終身學習的重要管道。

三、專業工作者除了知識的學習之外，同時也應積極參加公司內或外的專業研討會、爭取發言和參與討論的機會，磨練自己的表達能力而成為相關領域的先行者。若是身為研究者，更是別錯過要在國際大型專業會議中發表論文，並爭取當審核委員的機會。

四、除了積極參加各種研討會或沙龍之外，掌握出差時機

也是學習的好機會。我以前的部屬中，現在在美國及大陸當董
事長、CEO 的不在少數，做得最成功的幾位，在出差時都會
拜訪當地同業的競爭對手的 CEO 或公司的高階主管，彼此交
流市場動向及心得，以掌握行業變化的動向。

▶要有勇氣走在時代的前沿

然而，知悉時代趨勢之後也要轉進走**在時代前沿的企業**，
方可隨潮浪扶搖直上，創造職涯高峰。倘若因畏難而繼續留在
舒適圈裡的夕陽產業或企業，即使天分過人、努力亦過人，也
難挽狂瀾於既倒，勢必被無情地淘汰。

我在職場上的數次重大轉折，正是因為勇於參與時代趨勢
而加入潛力豐厚的企業，我的職位、成就方能不斷精進、再上
層樓。

與我同時期到美國的台灣留學生，絕大多數是希望快速取
得博士學位的。而我是在拿到羅格斯大學碩士學位後決定就
業，即使我的指導教授已幫我申請到全額獎學金並希望我繼續
攻讀博士，甚至以不願意為我寫推薦信想逼我就範，但我還是
堅持在一九七四年進入 RCA。

進入 RCA 之後，為了追隨時代的脈動，在兩年內我換了
三個單位。我的第一個職銜是和半導體有關的「初級產品工程
師」，因為勇於提問加上努力進修，結果因進步神速在九個月
後被調任電路設計部門。再過九個月，為了學習系統設計，我
主動請調至研發部門，並設計了電子手錶的電路。

我還在 RCA 任職時，RCA 的名聲是相當響亮的。但我在 RCA 的圖書館偶然間翻閱《華爾街日報》，才發現 RCA 業績、影響力已逐年下滑。我決定開始尋覓新的方向，發現數家新興企業（如英特爾、德州儀器）的記憶體元件都相繼改採更先進的 MOS 製程，以取代傳統的 Bipolar 製程——半導體產業革命已近在眼前。不久之後，英特爾、德州儀器便已躍居電子產業巨擘，獲利遠遠超過 RCA。

於是，在一九七六年，為了學習最新的 MOS 技術，我毅然從美國東岸的紐澤西州南遷至德州的達拉斯，加入剛創立不久的 Mostek；Mostek 的規模並不大，卻匯集了當時最頂尖的記憶體蕊片設計師。

在 Mostek 任職的一年，我的目標就是努力學習、主動爭取參與設計，因而讓我真正進入了半導體的世界。一九七七年中，為了學習更新、更難的 DRAM 技術，我從達拉斯搬到奧斯汀，加入摩托羅拉半導體部門。憑藉在 16K DRAM 的貢獻，我被摩托羅拉拔擢為高級工程師，得以與老闆兩人共同設計全世界最早量產的 64K DRAM；這個專案成敗影響著摩托羅拉的興衰，而我在半導體業的聲譽就此鵲起，也從技術人員跳進經理人之門。

之後，我從半導體產業跨入通訊產業，再前往大陸做到摩托羅拉亞太通訊業務總裁，之後自己在大陸創業，無一不是走在時代的前端。雖然過程充滿波折、風險、挑戰、挫折，亦常有深感難以為繼的時刻，但結果卻是每一次的成功都比上一次更壯闊！

　　若是你也和我一樣，喜歡站在風口浪尖上乘風前進，那麼，就好好發揮上蒼賜予的才幹、個性和資源，不要怕困難或貪圖安逸，努力在時代的最前線，做個可以給下一代當榜樣的耕耘者。

掌握「不同」的價值
——區分原則

> 天才是 1% 的靈感（inspiration），加上 99% 的汗水（perspiration）。

● ● ● ● ● ● ● ● ● ● ● ● ●

在大自然的規律裡，沒有任何一隻烏龜可以跑得過兔子的；但不知為何，老師和家長總愛用「龜兔賽跑」的寓言勸喻小孩應勉力向學，而且不斷灌輸「勤能補拙」的美德。

如果有老師或家長在看這個故事時，是提醒小孩不是每一隻兔子都是驕傲和懶惰的、或是點明烏龜不應該答應與兔子比賽跑步，而是建議兔子來比賽游泳，那麼，我一定為這位老師或家長拍拍手，因為他是在教導孩子分析自己的優勢和弱點，而且懂得不要小看了自己和別人。

大多數的人在初入職場時深信：只要埋頭苦幹，必定可拾級而上；倘若職位、收入不如人，一定是自己不夠努力。不過，許多人在職場努力工作許久之後，卻發現自己真的像隻烏龜，即使卯足全力向前衝，卻只前進了幾步，一群又一群的兔子從身邊呼嘯而過！於是資歷越深、成就感越低，當景氣低迷、公司經營不善時，還是最先被資遣的人。

▶尋找特殊的 1%

　　因為林書豪的關係，不論是不是籃球迷，美國的 NBA 職藍在台灣的知名度越來越高，知道各隊球員的人也越來越多。觀察久了，不難發現：NBA 是一個競爭非常激烈、淘汰球員也非常無情的職業球團；但球員若是有球隊不可或缺的價值，即使脾氣怪異、年歲太大，依然不會被淘汰。職場也如球場，學歷、資歷、努力皆不足恃，唯有具備「不可取代的價值」才有優勢或存活力。但我的意思並非「勤能補拙」不對或已過時，而是應將主力花在強化個人價值的關鍵點上，而不是過度耗費在自己的弱點上。

　　我試著用愛迪生說過的「天才是 1% 的靈感，加上 99% 的汗水」來詮釋我的概念：這 1% 靈感是指在職場、專業領域中找到自己的過人之處，此後便認真、奮鬥不懈地往這方向去努力（99% 的汗水）。

　　為大家認定的大多數天才，並非一生下就天生聰慧過人的，但他們知道自己的熱情和能力所在，然後靠著後天的努力、有目的地磨練成精，我稱這個 1% 的尋找為「區分原則」。在職場歷練數十年，我體會到，若想成為他人眼中的天才，就得認識和實踐區分原則。

　　何謂區分原則？一言以蔽之，就是「特殊才有特別的價值」。在思維上，應致力找到屬於自己的特殊──即 1% 的靈感；在作法上，則應重強避弱──即 99% 的汗水。

　　每個人、每家企業都有其弱點，重強避弱是指應盡量發揮

優點，將優勢擴大至極致，而且無須過度關注弱點，更不必被弱點侷限。棄強補弱是失敗之始，這也符合軍事學原理，即根據自身優勢選擇作戰時間與戰場，才可提高獲勝機會。

▶重強避弱──99% 的汗水

歷史上著名的「田忌賽馬的故事」，正可說明重強避弱是足以轉敗為勝的巨大力量。

在戰國時期，齊國將軍田忌常與齊威王賽馬。他們的固定思維就是上馬對上馬、中馬對中馬、下馬對下馬；但因齊威王的馬匹皆較佳，所以每個等級的比賽田忌都是屢戰屢敗的。後來，軍事家孫臏建議田忌改用新的戰術：以下馬對上馬、上馬對中馬、中馬對下馬，結果是勝多敗少。

同樣的，一隻小魚與其在大魚環伺的大池塘閃躲苟活，還不如先在魚蝦罕至的小池塘中打拚，才更有機會長成大魚。「特殊、唯一」這個詞代表的是人無我有，所以無須耗費太多時間、精力便可居於領先或壟斷的地位；在企業發展上還可以延伸為「滿足客戶未曾被滿足的需求」，因而建立無可替代的夥伴關係。

相較於東方，西方的教育是充分運用區分原則的：鼓勵學生找到個人特色，跳脫常識、常規，成就與眾不同，啟發學生至一定程度時，便讓他們自由發揮。也因此，東方國家的教育不容易教出具有創新或創造力的科學家或學者，也無法出現開創新局、帶動時代新浪潮──如比爾‧蓋茲（Bill Gates）、賈

伯斯（Steve Jobs）——的大企業家。

　　或許，會有人辯稱：比爾・蓋茲、賈伯斯都是百年難得一見的天才，和區分原則無關。但即使他們是天才，若選錯了行業，他們的成就一定不會如此顯嚇。舉個更鮮明的例子：改編自真人真事的電影「攻其不備」（The Blind Side），其主人翁麥克（Michael Oher）就是應用區分原則，充分發揮自己專長的典範。

　　麥克原是高胖、愚笨、個性軟弱、無家可歸的非裔青少年，看似一無是處；後來由蓮安（Leigh Anne Tuohy，珊卓布拉克主演）收養。身材壯碩的麥克加入高中美式足球隊後，仍因笨拙而被隊友嘲笑。蓮安有次意外發現：在性向測試的結果顯示：麥克擁有強烈保護他人的能力，於是要求教練將他分配到如何在球場上保護四分衛、跑鋒，終於找出在球隊最適合自己的角色——絆鋒；在找到個人定位、屬於自己的唯一後，麥克對美式足球產生莫大熱情，並積極學習戰術，終於在球場上大放光芒，成為多家大學爭取的運動選手。脫胎換骨後的麥克順利進入美式職業足球隊（NFL），成為眾人艷羨、年入千萬的職業球員；二〇一二年時，更隨巴爾的摩烏鴉隊（Baltimore Ravens），奪下超級盃冠軍。

▶從十面埋伏突圍達陣

　　我在英特爾擔任設計經理時，便曾運用區分原則克服猶如十面埋伏、命懸一髮的困境，並樹立起職涯的新豐碑。

剛進入英特爾時，我被指派研發先進的 iRAM（intelligent RAM）；團隊成員雖各有所長，但成員個性皆執拗難馴，盡為英特爾其他團隊的棄將。在他人眼中，iRAM 團隊是比雜牌軍還不如的烏合之眾，加上研發進度已延宕超過三個月，成功機率幾近於零。當時身為主管的我，不斷苦思如何脫困。一天，一位擁有麻省理工學院博士學位的團隊成員與我討論 CVS（Circuit Verification System）；登時讓我瞥見一線曙光，找到了突圍的希望。

這位同仁的博士論文主題正是 CVS，為 CVS 少有的專家；但他在英特爾其他設計團隊「推銷」CVS 卻處處碰壁。雖然採用未經產品證實的 CVS，會帶來巨大的風險，但若做成，可將產品驗證時間由十二個月縮短為六個月的 CVS，對我而言猶如救命的浮木。而且這是唯一能與英特爾其他設計團隊區分出來的作法。

做了採用 CVS 的決定後，就必須帶領 iRAM 團隊以先避弱而後重強、另闢蹊徑邁向成功。「避弱策略」是以其他團隊已研發成的 64K DRAM 為基礎，讓我們大幅縮短研發時間，「重強策略」則是全力專攻 iRAM 所需的邏輯電路，終於，我們克竟全功。

根據區分原則，CVS 正是 1% 的靈感，更可讓 iRAM 團隊的設計與競爭者進行明顯的區隔，雖是孤注一擲，我仍毅然嘗試；之後，iRAM 團隊幾近不眠不休的努力，則是 99% 的汗水。

第一次驗證 iRAM 時，英特爾實驗室堪稱人山人海，但多

數人是抱著「看好戲」的心態到場的。當 iRAM 通過測試，先是全場鴉雀無聲，之後有人提出異議；眾人激辯後決定由各團隊抽調資深成員重新進行測試；三天後確認測試結果無誤。

　　二個月後，iRAM 便進入正式量產的準備階段，比原先時程提早約四個月。iRAM 團隊被譽為英特爾的英雄，所有成員皆獲得應有的獎賞，我還獲得執行長安迪 ‧ 葛洛夫（Andy Grove）的親筆感謝信。

　　之後，iRAM 帶給我更多的殊榮。一九八二年，在全球極具影響力的 ISSCC 論壇（International Solid State Circuit Conference），我發表了 8Kx8 iRAM 的論文，驚艷業界；一九八三年，iRAM 獲美國《Electronics》雜誌推崇為「最佳產品設計」；同年，英特爾指派我集結最優秀的團隊研發公司最重要的產品（256K CMOS DRAM）。一九八四年，我於 ISSCC 論壇發表全球首篇有關 256K CMOS DRAM 的論文，再度震撼業界。

　　研發 iRAM 的經驗和解決問題的過程證明，即使天不時、地不利、人不和，只要善用區分原則亦可能反敗為勝的；這段經歷也成了我日後擔任經理人、企業家的重要基石。

木桶原理：
找出最短的漏洞

> 你若不捨棄今天所有的，如何得到明天所沒有的？

● ● ● ● ● ● ● ● ● ● ● ● ●

許多年輕人初入職場，誤以為職場與校園無異——只要書讀好、成績好，其他事都不用管（如與他人互動或注重人際關係）——只須著重個人表現好，日後將是主管後補的不二人選。

但事與願違，即使他們成為頂尖的業務員、工程師、會計員、軟體程式員……，卻總是與升職失之交臂，只能眼睜睜地看著同儕、後輩喜獲拔擢——有些同儕與後輩的戰績、專業能力，甚至還不如自己。即使不平則鳴，越級直接與高層溝通抗議，通常也是無效的。為什麼？

▶勝敗之關鍵，在劣勢

若想在職場成為管理階層，當時時刻刻謹記「**木桶原理**」。木桶原理涵義為：一個木桶的容量並非取決於最長的木

板，而是取決於最短的木板，因為水平面與最短木板上緣等齊；延伸之義為，個人、部門、企業乃至於國家，發展的天花板是決定在其劣勢，而非優勢。

若將能力比喻為木板，在職場上若想成為人上人，亦需不同種類的木板。已晉升某個領域的專家，不僅得持續精進專業知識、技術，更要進一步培養綜合能力，包括管理力、領導力、表達力、判斷力，並縝密地佈建人脈網絡；但決定其成就上限的亦是最短木板，而非其他較長的木板。如果不諳木桶原理，不肯面對、強化最弱的一環，即使其他能力出類拔萃，升遷之路仍將事倍功半。

舉個例子來說，A君的口才好，能言善道的特質讓他在團體之中非常受歡迎；但他欠缺同情心，認識久了的人，就會因為吃過他的苦頭而疏遠他。就經營人際關係而言，「欠缺同情心」的缺點，就是A君的最短木板了。

農業奉行超過一百七十年的「利比希最小因子定律」（Liebig's law of minimum），堪稱科學界的木桶原理。在一八四〇年，普魯士化學家利比希（Justus von Liebig）發現，在蔬果生長的過程中，皆需要鈣、氮、鉀、磷酸等營養素，每種營養素皆有其最適量；決定蔬果產量的，乃是與最適需求量差距最大的營養素。

假使蔬果短缺某種營養素，即使增加其他營養素，不僅無益其生長，還可能造成蔬果枯萎、死亡；但若透過人工施肥，提高短缺營養素的供給量，即使僅有幾公克，蔬果產量也將大幅提升。「利比希最小因子定律」發佈後，引發全球農業大革

命，糧食單位產量已逾昔日的五倍。

　　一如提高短缺營養素供給量的蔬果，若願面對、強化個人最弱的一環，效果是超乎想像的。此外，蔬果若移地植栽，各種營養素最適量可能上調或下修；在職場也是，不同階段的職務，由於接觸的人、事、物有異，最短木板亦可能有所改變，務必因時因地制宜，切忌僵固死板不知變通。

▶從「精」到「博」的過程

　　乍看之下，木桶原理與上一篇提到的「區分原則」相互矛盾，但實則不然，兩者適用於職場不同階段，彼此相輔相成、缺一不可。區分原則適用於職場初期，社會新鮮人應致力強化個人優勢，先求精而非先求博，從學校畢業生晉升為某個領域專家；在成為專家後，應改用木桶原理，此時應從精擴及博，降低劣勢的負面影響，方可順利推開經理人大門，並成為擅長轉化危機的傑出管理者。

　　區分原則、木桶原理精妙之處皆在創新，區分原則為「無到有」的原創，指從零到一；木桶原理則為「有到優」的微創，指從一到二、三，再到 N，這兩者是不同階段的突破。

　　當一個人察覺到自己的成長或競爭力已嚴重受限於劣勢時，應立即想方設法強化相關能力，即增長最短木板的長度；倘若正逢關鍵時刻且處於不對稱的競爭局勢，來不及彌補劣勢，更要懂得藉由與他人合作、結盟，相互交流優勢，甚至，截長補短以突破劣勢的限制。

▶借力使力扭轉乾坤

　　我在擔任摩托羅拉技術副總裁時，便曾運用木桶原理成功扭轉企業劣勢，使業績、競爭力皆再上層樓。當時，歸我管轄的摩托羅拉記憶體工程部門戰力堅強，設計團隊傲視群倫，產品無論設計、品質、穩定度，皆深受客戶肯定，但市占率卻偏低，癥結在於摩托羅拉半導體的製程（process）技術落後日本競爭對手超過兩年——因為蕊片尺寸過大，相對成本高、耗能高，較難獲得客戶青睞。

　　幾年下來的虧損，導致工程部門、製程部門嚴重對立，工程部門經理指責製程部門是害群之馬，但製程部門經理則力陳已竭盡所能，依然無法消弭先前投資不足造成的傷害。兩部門爭鬥不休，數個有機會「起沉痾、療絕症」的研發案，也都虎頭蛇尾，被迫無疾而終。

　　根據木桶原理，製程部門便是摩托羅拉競爭力最短的木板。身為工程部門負責人，對於工程部門遭製程部門拖累、以及得知有數位優秀的設計經理準備掛冠求去，嚴重危及我的領導威信；但如何協助公司脫離泥淖，卻讓我經常左思右想，甚為苦惱。

　　一九九〇年年初，我參加每年一度的 ISSCC 論壇。在午餐時，日本企業的一家半導體研發部門總監前來找我，剴切地說明該公司觀察摩托羅拉半導體記憶體元件設計甚久，希望摩托羅拉可授權記憶體元件設計的專利以及相關的技術交流。日方準備支付一筆巨大的授權金做為交換。

　　對這家日本企業總監的提議，相信絕大多數人都會喜不自勝的，這意謂著自己負責的部門備受肯定，而且將有一筆可觀的授權金收入。但當時的我，深陷業務瓶頸多時，無時無刻不在找尋解決之道，因此，極短暫的驚喜後我隨即回過神來，思索整體、長期的解決方案。經過短短數秒的思考，突然靈光閃現，我已發想出新的合作方案。

　　我回答對方，摩托羅拉可授權部分半導體設計專利，亦同意技術交流，但無須授權金，條件是該公司授權摩托羅拉製程技術以及技術交流；因為是技術對技術的交換方案，儘量勿涉及金錢交易，但雙方應先對半導體設計、製程進行估價，再議定彼此的開放程度。

　　對方亦認為此方案甚有創意，但茲事體大，他與我都必須取得總公司的認可。歷經內部不同階層、部門的反對，與對外談判諸多巨大挑戰，最後，摩托羅拉總部終於批准與這家日本企業技術合作。摩托羅拉半導體製程技術隨即追上日本競爭對手，盈餘、市占率雙雙大幅提升。

　　經過數年，我升任 FSRAM（Fast Static RAM）事業部全球總經理時，在三年內該部門市占率已從先前的全球第六名，躍居全球第一名，並從巨額虧損變為巨額盈餘，此次交互授權的技術合作案居功厥偉。

　　現在回想，很早我就意識到專做技術對企業整體的影響較小（只有產品）、也慢（從設計到盈利至少要兩年的時間）。我的熱情及個性是企求更快、更大幅度地去幫助團隊及企業，也因此在做到專業技術的極致發揮（區分原則）後，就轉去實現

我的綜合能力的全面擴展——管理及領導上；每一次的困難、挑戰或是挫敗，都是提醒了自己需要再補齊短板（木桶原理）。

站在巨人的肩膀上

在職場或商場，你是借箭，還是被借箭？如何成為借箭高手？

● ● ● ● ● ● ● ● ● ● ● ● ● ●

幾個才智、學歷相當的朋友同時進入職場，同樣兢兢業業、旰食宵衣。將屆三十歲時，有人已升任中、低階主管，有人還在基層煎熬；到了四十歲時，際遇差距拉大了，有人已晉升高階主管，有人還是中、低階主管，有人卻面臨失業危機，甚至早已失業了。

許多人將同儕的成功歸因於幸運，並自我安慰「謀事在人，成事在天」，未曾深切反省問題所在。殊不知，成功者不見得比失敗者更聰慧、更努力，但大多數成功者的幸運來自於審時度勢、順勢而為。

▶埋頭苦幹不如抬頭苦幹

東方社會強調，唯有埋頭苦幹才能出人頭地；實則不然，巨大的成就與突破鮮少是埋頭苦幹的成果，多半源自於抬頭苦

幹，借助於一股上行的力量而為；套用西方的諺語，想要站得更高、看得更遠，就得站在巨人的肩膀上，套用東方的思維，脫困的最佳戰略在「草船借箭」。

東漢末年時群雄並起，曹操在初步掃平華北後，親率八十萬大軍南征，在赤壁與孫權的陣營隔江對峙。孫權陣營內的多數文官主張投降，但同為盟友的劉備陣營的軍師諸葛亮，說動孫權與執掌軍權的周瑜，決定決一死戰。但周瑜嫉妒諸葛亮的才幹，遂以「令諸葛亮在十天造好十萬支箭」為條件，刁難諸葛亮並挫其銳氣；諸葛亮不但立即答應，還將時限縮短為三天。

原來，上知天文、下知地理的諸葛亮早已算出，第三天深夜將大霧瀰漫，且風勢將轉為東南風。於是向孫權陣營的魯肅借了二十艘小船，上頭紮滿稻草人，並於深夜航向敵軍。在諸葛亮下令士兵擂鼓、吶喊下，曹操深怕大霧中有埋伏，遂下令六千名弓箭手同時放箭；直到日昇霧散，諸葛亮才鳴金收兵。十萬支箭手到擒來。之後，孫、劉兩軍聯手，以寡擊眾、擊潰曹軍；原本倉皇如喪家之犬的劉備陣營，從此日益壯大，與曹、孫形成三國鼎立。

職場與企業上的競爭，則是沒有硝煙的戰場；若懂得草船借箭，便有機會如諸葛亮從隱居茅廬的落魄書生，一躍成為扭轉天下局勢的大英雄。一九九一年，我擔任摩托羅拉的FSRAM事業部全球總經理時，也應用了草船借箭策略，不僅讓FSRAM事業部快速轉虧為盈，全球市占率更躍居首位。

▶從乏人問津到奇貨可居

　　當年，FSRAM 事業部主要客戶為電腦公司，但與領先的日本、韓國企業差距甚遠，年度虧損額度高達三千萬美元；由於連年虧損，摩托羅拉半導體總部不斷施壓。此時，電腦產業的主流為發展大型電腦、超級電腦，競爭指標則是電腦的運算速度。

　　為了拓展業務，我經常飛往日本，拜訪日本企業。然而，日本企業重垂直佈局，電腦所有零組件（包括 FSRAM）皆自行研發、生產；縱使盛意拳拳，我的造訪依然毫無實效，日本企業的回答甚為強悍：「你們有的，我們都有；我們沒有的，你們做不出來！」

　　此時，個人電腦已萌芽數年，以低價、低功能搶攻電腦市場，當時大多數電腦公司認為：個人電腦只是曇花一現，頂多只是小眾市場，大型電腦、超級電腦仍是電腦產業的主流。

　　但經過一番低價廝殺後，個人電腦公司如 IBM、蘋果、戴爾（Dell）、康柏（Compaq）等，已決定研發較高階的個人電腦：除了強化中央處理器（CPU），還得採用執行速度更快的記憶體──即快取記憶體（cache memory）；由於 FSRAM 亦可劃歸為快取記憶體，所以數家個人電腦大廠不約而同、試探性地與 FSRAM 事業部的行銷單位接觸。

　　行銷單位同仁前來詢問我的意見，我直截了當地說，個人電腦趨勢並不明朗，是否採用快取記憶體仍存在變數；縱使採用，快取記憶體的規格、價位，也與大型電腦、超級電腦所

用的 FSRAM 不同，在市場上處於劣勢的摩托羅拉難與日本、韓國競爭對手相抗衡，不值得仍處於虧損的 FSRAM 事業部冒險。

行銷單位主管直言，若只顧忌風險，不願冒險搶食商機，FSRAM 事業部只是「死得較慢」（slow death），還不如押注在個人電腦上，成功則鹹魚翻生，失敗則「壯烈成仁」（sudden death），最後還撂下「我看你是怕了！」

最後，我的回答是：「如果你擔任我現在的職位，相信你不會如此莽撞；希望下次你提出方案，而非只有火氣。」但會後我再三思量，與其窩囊地維持現況，還不如放手一搏。與行銷單位召開數次會議後，終於決定將 FSRAM 事業部的發展賭在個人電腦的快取記憶體商機上。

不過，在全球的 FSRAM 市場，摩托羅拉市占率僅為第六名，單獨與個人電腦公司接觸，很難獲得重視，便逐步施行草船借箭策略。首先，我們以摩托羅拉名義邀請所有個人電腦廠商召開快取記憶體商務及技術研討會，透過會議，企圖讓摩托羅拉提出的快取記憶體規格成為個人電腦產業的標準。

要使此借箭計畫成功，必須同時邀請與我們競爭的日本、韓國企業與會，但日、韓公司的到場目的，僅是蒐集資料而已，對製訂規格一事我們的判斷是保持觀望的態度；但他們的與會讓美國的個人電腦企業認定：日本、韓國企業也支持此規格而且也會全力去開發此類產品。於是，摩托羅拉提出的快取記憶體規格順利成為標準規格，個人電腦企業將其納入產品設計之中。

　　此次會議之後，我火速調整 FSRAM 事業部，成立快取記憶體研發團隊，目標在十個月內推出一系列支援個人電腦快取記憶體的 FSRAM。

　　果不其然，個人電腦快速崛起，各家電腦商紛紛推出高階個人電腦，快取記憶體需求量大幅激增。在借箭會議的十個月後，個人電腦廠商採購快取記憶體時才驚奇地發現唯有摩托羅拉的產品合乎規格；原本姿態頗高的個人電腦公司採購經理們，只能日夜在摩托羅拉會議室守候，深怕被他人搶單。

　　摩托羅拉的 FSRAM 產品突然變得奇貨可居，更成為市場規格與價格的制訂者；當時的訂單需求，FSRAM 事業部生產線連續趕工一年也還追趕不上。

　　在一年內，FSRAM 事業部盈餘已達四千萬美元；第二年時，個人電腦正式成為電腦產業主流，第三年，FSRAM 事業部產品全球市占率躍居第一名，累積盈餘超過三億美元！

　　押寶電腦市場的主流將從大型電腦轉變成個人電腦，就是我成功的肩膀，那次的世界級「快取記憶體商務及技術研討會」，成了我最佳的借箭案例。

有時候你只須做對
最重要的一次

一個好的想法，應執著、堅持地去執行，倘若遇上對的時機，爆發出來的能量，將無可限量、勢不可擋！

● ● ● ● ● ● ● ● ● ● ● ● ●

阿里巴巴創辦人馬雲曾批評當下的年輕人，夜裡夢想千百路，清晨起來走原路。此批評一針見血點出許多年輕人是創意的巨人，卻是行動的侏儒，欠缺勇於付諸執行的能力。數位資訊時代白手起家的企業巨擘，如賈伯斯、比爾・蓋茲，成功關鍵都在於勇於實踐創意。而且因為做對一次重大的決定，即使在過程中犯下數不清的錯誤，就結果而言，這些錯誤也都是枝微末節了。

一九九四年，我就任摩托羅拉手機部亞洲總裁。當時大中華區的團隊僅有三十多人，位於天津的工廠也只有一條生產線，作業員不到一百人，停工天數比開工天數還多，只能承接其他工廠無暇或不願生產的產品。摩托羅拉任命我擔任手機部亞洲總裁，目的之一便是整頓大中華區業務，希望大陸地區的通訊業務能有起色。

原先負責大中華區業務的兩位主管是美國人，對我的空降敵意甚深，甚至揚言在三個月內要讓我知難而退。

為了干擾我介入業務，二人花招百出，也認為我不懂此地的通訊業務，三番兩次告訴我，我最大的作用是向摩托羅拉手機部總部爭取更多資源；但在會議中，二人從不主動提供任何訊息，當我有所求時，才如擠牙膏般地吐露點滴，更阻撓我面見最重要的客戶——中國郵電部。

當時我與這兩人屢屢僵持不下，氣氛相當尷尬。雖有權力將二人調職，但我尚未做好萬全準備，二來是二人本非奸邪之輩，專業上亦有過人之處，諸多作為旨在自保而已。此時，我的當務之急並非剷除異己，而是積極「整軍備武」，靜候佳機以扭轉形勢。

▶冒著被革職的危險，堅持手機中文化

很快的，如何管理大中華區通訊業務，包括手機研發、生產、供應鏈、銷售通路等，我在腦海中已畫好藍圖、草擬出通盤計畫，也鑽研過大陸市場特有的生態環境、政府關係；並經由與各階層員工持續地溝通、討論，取得第一手資料，只是苦無突破點。

當年，全球手機產業正處於新、舊主流交替的關鍵時刻，諾基亞（Nokia）、愛立信（Ericsson）主導的 2G 手機來勢洶洶，摩托羅拉的 1G 手機領先地位岌岌可危；商務型手機和消費型手機的消長趨勢益發顯明。此時摩托羅拉手機全球市占率

雖超過百分之五十，但營運模式保守；研發、生產、財務、策略制定，全由美國總部主導，其他國家的分公司只負責銷售。

我研判消費型手機浪潮將如海嘯般洶湧而至，手機市場的致勝關鍵當為在地化；摩托羅拉若想搶進大中華區手機市場，就得在大陸建立一支完整的團隊。不過，由於摩托羅拉獨霸全球手機市場，手機部總裁專斷獨行，遭他修理、開除的員工難以估算，無人敢違背其意志。

當我首次向手機部總裁提議，應在大陸建立一支完整的團隊時，他直截了當回答：「你最好死了這條心。亞洲人不懂手機設計，更無法生產品質精良的手機，你只須全心全意提升大中華區的銷售數字即可。」更直言若發現我陽奉陰違，將馬上請我捲鋪蓋走路！

雖上下皆遭掣肘，但我朝研發的決心絲毫未受影響。為了組建大中華區的研發團隊，我力邀兩位美國華裔科學家加入，一位畢業於北京清華大學，一位畢業於新竹交通大學，皆擁有美國大學博士學位。

某次，我飛抵美國準備與二人開會，正將他們的英文資料翻譯成中文時突然靈光一閃，「**手機中文化，正是最佳突破點，更是帶動大中華區團隊向前行的火車頭**」。當時，手機並無中文介面，大中華區使用者甚感不便。之後數天，我與二人將手機中文化的整體計畫、執行細節，綱舉目張地歸納成縝密的圖表、欄目，深信一旦研發成功勢必橫掃大中華市場。

▶大陸 ICT 產業的黃埔軍校

返回大陸後，在拜會郵電部部長吳基傳先生時，我不顧那二位美國主管的異議，直接向吳先生提出手機中文化計畫：包括中文顯示、中文簡訊、中文輸入法、中文軟體開發套件（Software Development Kit, SDK）等。吳先生立即回應，這是他聽過最完整、最可行的手機中文化方案；摩托羅拉若可將 GSM 手機中文化，便可接下郵電部的大筆訂單。

儘管這二位主管仍持反對意見，我還是接下了郵電部的訂單。在手機部總裁不知情下，二位華裔科學家在芝加哥研發中心帶領約六十人的團隊，披星帶月研發手機中文化相關軟體；在我保證承擔一切責任後，天津廠廠長答應增僱二百名作業以生產郵電部的大訂單。同時在北京，我應聘了數名市場策略專員，大中華區團隊終於成形、運作。

郵電部的訂單堪稱及時雨，大中華區的營收與利潤皆倍增，彌補了當時摩托羅拉在美國市場衰退百分之三十的衝擊。

在我前往芝加哥的手機部總部開會時，手機部總裁特地宴請我吃日本料理，並透露有人向他密報：我私募研發團隊。他原本是非常生氣的，但看到大陸市場業績的飛躍成長，適時彌補了美國市場的巨幅衰退，且據報此團隊表現不俗，更挽救了他的職涯，於是打消將我撤職的念頭，而且將獎勵這個團隊。

由於大中華區業績蒸蒸日上，摩托羅拉更將印度、東南亞、澳洲、日本、韓國等市場劃歸大中華區管轄，並擴充美國、北京設計中心，創設韓國、新加坡設計中心。

　　從一九九五年到二〇〇二年，摩托羅拉手機部在亞洲的營收，從二億美元成長至四十億美元，員工數從五十人激增至五千人，從原本各大洲之末躍居首位；在諾基亞稱霸全球手機市場後，摩托羅拉依舊是亞洲的王者。二〇〇〇年到二〇〇二年，摩托羅拉總公司處境相當艱困，利潤幾乎完全來自亞洲手機市場。

　　因成功推動手機中文化，我被冠上「手機中文化之父」的稱號。摩托羅拉在當時培訓了諸多優秀人才，之後皆成為大陸資通訊產業（Information and Communication Technology, ICT）的精英；於是，摩托羅拉被比喻為 ICT 產業的黃埔軍校，而我被譽為校長！

　　創新發明是如何將不可能轉變成可能的過程，一般人往往認為這個能力是天生的，殊不知**創新發明的能力來自於不停的努力，以及不斷地學會去做困難的事**。能夠創新發明的成功者也如同平常人一樣掙扎地想成為自己，勇敢地為自己夢想去活，勇敢地去嘗試原創的事，即使在害怕、沒有其他人看好的情況下，依然前行，直到做成為止。

眼力：模擬未來，
讓夢想看得見

當你達成目標前，得先看到目標。

● ● ● ● ● ● ● ● ● ● ● ● ● ●

　　幾乎每個人都有夢想，但若要具體描繪出夢想，大多數人是支支吾吾、語焉不詳的。如果對夢想只有模糊的憧憬，而無具體、實際的規畫，那麼，夢想就成了無法觸及的幻想、未曾落實的目標了。

　　要讓夢想看得見，就得先學會模擬未來；在模擬未來的過程中，「創新」（creativity）和「發明」（innovation）是不可或缺的過程。簡要來說，**創新是指腦海中浮現出與他人不同的想法，發明則是將想法付諸實踐，這二者相互串連才可化不可能為可能**；越懂得創新與發明，就越有機會在職場充分發揮。

▶創新能力取決於想像力

　　根據科學家的研究，人類大腦可分為後腦、中腦、前腦等三大區塊。因爬蟲類僅有後腦，所以後腦又稱爬蟲類腦，主司空間感及生存、繁殖等功能；因哺乳類方有中腦，中腦又稱哺

乳類腦，主司群體關係，並分辨何者為友、何者為敵。唯獨人類具有前腦，故前腦又稱人類腦，主司時間感、未來感，其正是人類與動物的最大差別之一。前腦以前額葉皮層模擬未來，而且並非憑空模擬，是以昔日認識的人、事、物為素材想像、模擬未來，揣度未來可能發生的各種狀況及其因果關係。

創新能力之高低取決於想像力是否豐富。**愛因斯坦曾言：「想像力遠比知識重要」**；因為，知識固然重要，卻也常限制人的視野，僅能看到眼前的事物，但想像力卻可超越時空，連接到無限的未來，激發更多潛能和可能性。

想要培養想像力，獨立思考是不可輕忽的訓練。在職場上，獨立思考不僅提升構思能力，還可學習多元、實用的溝通方法，增進思考的關聯性、直覺性、整體性、旁通性與預見性；其中，預見性即在一團迷霧中模擬未來、看見夢想，方可領略一觸即發的時代和產業潮流。

唯有模擬未來、看見夢想，才能在經深思熟慮並確定掌握局勢、走在時代前沿後，應用區分原則找到屬於自己的唯一，成為備受肯定的專業人士；此後，再應用木桶原理補強自身綜合能力中最弱的一環，晉階經理人或中高階主管。

現代科學已證實，人類腦中的思考是以電波的形式傳導，我們腦中大致有一千億的腦神經元，用最新的大腦掃描器顯示，當我們做一件或學一樣新東西時，神經元的數目不會改變，但神經元在思考過程中相互的連結會更改，所以學新東西及不同的思維模式會改變大腦的結構。當我們重複練習某些新技能時，腦中的某些迴路一再地被加強，使得做此技能越來越

容易。所以越常操練想像力──模擬未來的眼力的人，就會越有想像力！

▶七步驟模擬未來

模擬未來並非是不著邊際地想像，可參照七個步驟按部就班操練，以免想像過於發散不知如何收斂。這七個步驟依次為：

1. 遠大的志向：若想模擬未來看見夢想，首先得訂立遠大的志向，去做其他人尚未做過的事；唯此，方可為他人所不敢為、不能為。當面臨危機或陷入職場泥淖時，也要找到跳脫常態的作法以突破困境，藉此可提振自己、激發潛能、創新求突破。

2. 強烈的企圖心：要目標與成就連結在一起就要有足以焚身的企圖心；只有在自己內心呼喚的東西，才會在現實中出現；人生要有確切的願望，強有力的企圖心。

3. 積極的思考：思考（模擬未來）是看見解決之法的種子，也是達到目標最早、最重要的因素。什麼才是積極思考的態度呢？我的經驗是，無論何時何地──即使是睡覺──都在思索解決方案；從頭頂到腳趾，每個細胞都沉靜在思考，專注、傾全力地思考，縱使被他人譏諷嘲笑，依然不受影響，這種思考力就是成就事物的原動力。

4. 進入潛意識：最徹底的積極思考，則是讓思維進入潛意識。只要不斷地想、想、想，日思夜想、廣泛地想、深入地

想、反覆地想，要在腦中認真地重複思考，模擬演練如何實現，持續增加思考的強度，強到讓思考鑽入潛意識，接受內心的指引。

5. 激發右腦力：一般人思考，多由左腦主導。當左腦（偏向於知性、收斂式）理性的線性思維反覆思考而無法突破時，潛意識中右腦就開始擺脫左腦的慣常主導地位，用感性、分散式、非理性的逆向思維以探索、模擬未來。這是一個從慣性的知識腦轉移到本性的創新腦的過程。

6. 靈光的閃現：如果在短時間內，發想不出突破性的解決方案；只要不放棄，腦袋持續運轉、思索，然後相信此事一定會實現，往前重複思考，接著成就之道就像靈光一閃藉著他人的一言一行、一個建議或無意間的一個舉措，甚至是報章雜誌、電視中的一行話，以及一個夢境中解決方案的線索應運而生，依稀「可見」起來。

7. 越看越清楚：有了靈光一現的構思後，還得繼續揣想解決方案的施行細節，風險評估，與在施行的過程中可能遭遇的困難、險阻與挑戰及克服方法；畢竟，沒有縝密的籌畫、準備，解決方案將流於空泛而窒礙難行。

此時，當先用右腦以逆向思維大膽假設，再運用左腦，以慣性思維小心求證，在兩者交互應用下，原本遙遠、模糊的夢想，變得更接近、更明晰，最後，夢想與現實之間的距離將完全消失；夢想將不再只是夢想，而是可計算距離的目標！

▶成功、突圍都得先練眼力

　　二次世界大戰末期，盟軍猛烈轟炸德國，當時飛行員的數目遠遠少於飛機的數量。盟軍總部特別訓練飛行員在飛機被擊落後仍能逃回基地，並編輯詳細的逃生手冊。逃生的結果令總部跌破眼鏡，考試成績優異（IQ 高）者都沒能逃出來，倒是那些在訓練中提出異議、對逃生手冊並不完全認同者，大部分的人都用各種一般人想不到的方法越過敵境安全返回。

　　後來總部在反思中猛然發現，考試成績好的都是用左腦思考的，完全只照逃生手冊的指示去行，這與追捕他們的德軍思路一致，所以一網打盡。反之，能逃出來的飛行員以豐富的想像力模擬未來，用非理性的思維想出許多非常態的方法逃生，是德軍始料未及的，因而脫險。

　　同樣的，若想成就一番事業或在逆境中突圍而出，就需要操練模擬未來的卓越眼力，可見人所未見、不能見之機會，方可為人所不能為、不敢為；若無過人的眼力，縱使學富五車、雄心萬丈，也是只能在職場上匍匐向前，甚至長時間原地踏步！

　　以我自己的職涯為例，我得以超越大多數同儕的關鍵因素，首推長年、不間斷地鍛鍊眼力。例如，因看見 CVS 的價值，破釜沉舟將其納入設計中，終於成功研發 iRAM；在 ISSCC 論壇午餐中，在一家日本企業半導體研發部門總監的提議裡看見借力使力的契機，藉由改變合作模式，快速提升摩托羅拉的半導體製程技術。

在與下屬的言辭交鋒中，因看見必須押寶在個人電腦上，不然不足以救亡圖存，不僅讓部門轉虧為盈，產品全球市占率更躍居第一名。在上下皆遭掣肘的困境中，看見唯有推動手機中文化方可提振大中華區的業務，於是大膽接下中國郵電部訂單，因而讓亞洲成為摩托羅拉手機部之金雞母。當摩托羅拉在 CDMA 手機市場外有強敵壓境、內部整合困難之際，因看見亞洲金融風暴重創韓國，正是低價收購專攻 CDMA 手機技術小型企業的佳機；藉此，在短時間內，便量產多款低價位的 CDMA 手機市場，瓜分強敵所依賴的韓國市場，並讓摩托羅拉重登 CDMA 手機市場全球市占率首位。

【眼力】動動腦・操練題

A. 操練題：培養直覺，養成獨立思考的習慣

　　我們每天有看即時通訊或上網的習慣，每天選一篇短文，花十五分鐘寫下自己對該文章的理解並列出質疑的地方，如可能，找一位同伴一起做這個練習，雙方做完以後可交換觀點並討論。

B. 操練題：建立多元、組織化的資料庫

　　在與老闆、同事或其他部門開會時，寫下詳細的會議記錄（即使這不是你的職責），會後再花十五分鐘歸納整理出幾項新的訊息或知識點，最後歸檔以便日後查詢。

C. 操練題：獲悉時代趨勢風向

　　每週閱讀專業或行業內權威刊物並做筆記寫下要點。週六回想這一周到底了解了什麼新動向或有什麼新的啟發。

D. 操練題：發現不同的自己或團隊

　　1. 請在一張紙上列出你喜歡也是你擅長的事情，也可以請朋友、同事、父母給意見。

　　2. 請在你的公司或生活團隊裡，找出這個團隊的優勢。

E. 操練題：找出可以補齊短板的助力

　　請在一張紙上列出你的弱項，也可以請朋友、同事、父母給意見。想出誰在這項上是強項？他／她可以成為你的團隊一員、或是可以和他／她學習嗎？

F. 操練題：借助上行的力量

　　暫時從工作的細節裡跳出來，想想有沒有可助達成目標的更佳資源？例如更好的軟體系統、老闆的人脈，別的部門已經做好的分析等等。

G. 操練題：堅持實踐好的想法

　　從生活中找出一件總是讓你頭疼、總是需要緊急處理的事，想出顛覆平常處理這個事情的辦法，加以實施；三個月後看效果。

H. 操練題：模擬未來

　　選一個工作或生活中遇到的事，在行動之前先想像一下接下來會出現的各種狀況、選擇，以及各種選擇所帶來的後果。

Part
2

魅力
發揮你的影響力

工作不設限，
創造成長的機會

我的職業生涯，開始於別人遞給我的一支掃把。

● ● ● ● ● ● ● ● ● ● ● ● ● ● ●

　　一九七三年夏天，在羅格斯大學攻讀碩士的暑假，我決定去打工；因自認個性不適合從事服務工作，所以未隨其他台灣留學生到餐館謀差事，而到製造業當臨時工，在一家生產洗衣機鋼板的小型工廠工作。這家工廠的工人分為兩大派，一派以非裔員工為主，另一派則是波多黎各裔員工為首；彼此對立、壁壘分明，雙方的火藥味彷彿一觸即發。

　　到班的第一天，工廠領班告訴我，因為原先要離職的工人臨時打消離職念頭，所以無法安排我上生產線；於是，他隨手拿了一支掃把給我，以手指了一些地方，接著跟我說："Keep yourself busy and I'll get back to you soon." 就走了。

　　當天中午，我就完成領班交辦的工作；到了下午，我的心情異常沮喪，原本興高彩烈地來做生平第一件工作，怎麼落得在此掃地！過了一會兒靜下心來，想到狀況已發生了，我無法改變，但既然我是來做事的就要做出點成績，要有所作為。所以我就自發打掃工廠的其他區域。第二天起，我繼續擴張版

圖，主動清掃倉庫、廁所、辦公室；到了第三天，又將版圖擴張至工廠以外的庭院、走廊。幾天後，整座工廠裡裡外外都成了我的掃地責任區，也結識許多原本可能連一面也碰不上的同事。

整座工廠裡只有我是東方臉孔，夾在兩個派系之間。不過，拜李小龍功夫電影的風靡之賜；與工人接觸時我總不經意吐露：「只要是華人，多多少少都會一些工夫」，這讓我避開不少不必要的麻煩。

一個星期後，打掃工廠我已經駕輕就熟，於是接著攬下所有的清潔工作，將門、窗戶、傢俱清洗得煥然一新。很快地，兩個星期過去了，有人告訴幾乎忘記我的存在的領班，工廠環境遠比昔日整潔，他才意識到我仍堅守崗位；除了為他的疏忽向我致歉之外，也肯定我在工作上的用心。

不久，鋼板鑽孔工人正好出缺，於是領班推薦我頂空缺──鋼板鑽孔工人不僅專業度高，也是工廠內薪資最高的職缺，是其他工人求之不得的職務。領班語氣誠懇地說：「這是你應得的！」

之後的兩個月，我轉任鋼板鑽孔工人，加上先前的廣結善緣，與兩派人馬皆可和平相處，工作甚為愉快。暑假結束時領班特來致意，並歡迎我未來再回來任職，他會為我保留原有的職位。

雖然只是打工，卻對我的職涯啟發甚大。首先，我親自體驗了工人的生活方式，認識他們的處境與想法；其次，我養成無論擔任任何職位，**我對工作範圍從不設限，並因此獲益良**

多，也更加相信「工作不設限」的信念不但可以獲得豐厚的回報，更是追求卓越的不二法門。此段經歷令我永誌不渝，這位領班是我職涯的第一位貴人。

▶把握不斷擴張學習和工作範圍的機會

　　大多數上班族在熟稔所屬部門的業務後，當手頭工作可望提早結束時，便會自動放慢工作速度，甚至「忙裡偷閒」在網路上聊天、購物、玩遊戲，只要準時交差即可；有些人則是假裝忙碌，心中卻暗喜可「在營休假」。

　　這群人最終只能當企業的螺絲釘，即使工作再多年，綜合能力有限、甚至毫無成長，難獲上司、企業主青睞，升遷緩慢，甚至長期停滯不前。因為，「自我設限工作範圍」，上司或企業主也必定「設限你的職位」，這是必然的道理。

　　我常奉勸後進晚輩，當完成上司交辦的業務後不應在座位上發呆、偷懶，或趁機做私人的事，而應立即向上司報告，若無新的交辦事項，則應主動協助同部門或其他部門同事，或利用時間學習新的專業；當工作遇到瓶頸無法自行排解時，不必枯等上司發現，應主動找尋其他的奧援管道。

　　不斷擴張學習和工作的範圍，方可不斷深化專業能力、廣化綜合能力。此舉可能被其他同事視為傻瓜，但長此以往，不僅能力會快速成長，升遷速度也勢必超越同儕的。在我的職涯中歷經許多次的進階，沒有一次是我要來的，在工作不設限的行動中，公司上層清楚看到我如何與跨部門的同事互動中解決

難題及了解其他部門的狀況，所以當機會來臨時，我就順理成章地成為最佳人選。

我在晉升為經理人與高階主管後，「工作不設限」的原則依然適用；我不但學到多元的專業知識和技術，同時累積了堅實的人脈。

在此，分享一個學習不設限的小插曲。

在摩托羅拉半導體任職工程和技術副總裁期間，德州大學本部奧斯汀（University of Texas at Austin）的 EMBA 課程主動提供兩個名額供摩托羅拉的高階主管就讀；當時我自認還不嫻熟業務，所以得知此訊息後立即提出申請。不久，我接獲摩托羅拉總裁的來電，他告訴我已批准我的申請，但希望我說明申請就讀 EMBA 的原委，我如實以告。

這位總裁直言不諱地說：倘若我擔心沒有 EMBA 學位、無法升遷為業務部門的總經理，現在可放寬心了；其次，若我是擔心不嫻熟業務，那就是多慮了，因為我先前的傑出表現證明我對業務並不陌生，EMBA 無法教導更多的實際作業和經驗的。最後他說：「若你願意花時間比較有系統地去學商務的一些知識，我建議你去；若非如此，我會第一個告訴你，你不需要這些知識及學位才能成為傑出的總經理。」聽了這話後我就決定不去唸了。

歷經數十年職場生活，我深深體悟到 "No pains, No gains."、"There is no free lunch." 所言不虛。在工作上自我設限久了，所有的雄心、壯志都將消磨殆盡、隨波逐流的，實在得不償失；而且是經濟越富裕的國家，隨波逐流的人越多。

　　無論在生活、職場上，若無可行的生涯規畫，就會缺乏進取心。若要追求卓越就得先有夢想，想要圓夢就得不斷擴張學習、工作的範圍，以積極的態度解決自己、同事、客戶的難題，這樣，成長速度和晉升機會將遠遠超越同儕的！

失控的情緒，
是人脈的殺手

人生沒有彩排，任何時候都是現場直播。

● ● ● ● ● ● ● ● ● ● ● ● ● ● ●

剛進入職場時，在求職者中脫穎而出比的是學歷。進入職場數年後，升遷速度比的是經歷、能力和人脈——即使經歷、能力過人，若人脈不足，職涯恐將頗多顛簸、難得平順。想要廣建人脈，就得有好的人緣；唯有鍛鍊高 EQ，方可不讓情緒成為向上攀升的絆腳石。

許多人感嘆自己人緣不佳，但自省脾氣並不差，只是偶而脾氣暴衝、口不擇言，但就像午後雷陣雨般，來得快去得也快，並沒有留下什麼難以磨滅的痕跡啊。他們卻未察覺，午後雷陣雨威力驚人，萬一失控就會氾濫成災、造成傷害——友誼再深厚，一不小心造成的裂痕，可能就是永難彌補了。

▶情緒領導力是成敗的關鍵

友誼養成不易，但決裂卻可能在旦夕之間。人際關係從親密變緊張、從友好變為對立，主要原因不外乎，當遭遇不如意

情事、與他人意見相左，或聽聞批評時，負面情緒瞬間膨脹，頓時暴怒、埋怨、回擊，舉止急躁、傲慢、嫉妒，甚至不惜謊話連篇。

　　無數的上班族，為了升遷埋頭苦讀各式企管書籍，但**大多數企管書籍皆強調增加專業能力，卻忽略了「情緒領導力」（emotional leadership）的重要性；情緒領導力與人脈深淺息息相關，其影響力絕不低於專業能力，甚至猶有過之。**

　　失敗者多半是情緒悲觀主義者，當遭遇衝突、不如意時，負面情緒立即膨脹，並隨即宣洩而出，思考常被忿怒、憂慮、沮喪等情緒左右，時常衝動行事。

　　成功者則幾乎皆是情緒樂觀主義者，當遭遇衝突、不如意時，懂得如何控制、排解負面情緒，讓負面情緒點到為止，所言所行皆出於理性思考，更擅長化忿怒、憂慮、沮喪為力量，繼續在職場上奮力前進。

　　以下舉個例子，如果你是那位客戶，你會希望和誰合作呢？

　　兩個企業的業務經理，分別經過長時間的接洽、協商，客戶終於同意簽約了。但在約好簽約的當下，客戶的採購經理卻不簽約了，反倒連珠炮地道歉，並說明因為該公司總經理對彼此的合作模式有新的想法與意見，需要一段時間才能做最後決定，之後將擇期聯繫。

　　面對此一突發狀況，其中一位業務經理認為被對方欺騙、玩弄，而且未能簽到這張合約將是職涯最大的屈辱與致命打擊；忿忿不平、深感絕望的他，怒由心中起，忍不住對客戶的

採購經理大聲咆哮，在宣洩完情緒後拂袖而去。

　　另一位業務經理面對的狀況及感受雖與前一位經理完全相同，但他定心靜氣思考：「假使對方真沒意願，就算死纏爛打依然無濟於事；如果對方真有意願，會再聯絡的。」

　　他進一步思考，客戶內部可能確有歧見，待其內部意見統一後便可塵埃落定，而且，仔細推敲這位採購經理的用詞遣字，還未到完全絕望的地步，千萬不可放棄，就算此次合作告吹，只要彼此維持良好互動，日後必有再次合作的機會。

　　調整心情後語氣平和地接受了客戶採購經理的請求，與其握手致意後離開了。一周後，該客戶的總經理終於弄清契約的來龍去脈，決定大幅增加採購清單上的品項、數量。如果你是那位採購經理，我相信你聯繫的對象一定是全程維持禮貌和風度的那位業務經理。

▶盛怒之際應暫離現場

　　人非草木，一定有想發脾氣、情緒不佳的時刻，只是失控的情緒有如火山爆發，容易讓人口不擇言、惡言相向，讓處境更加一發不可收拾；而且暴怒的時間越久，越容易失去理性，甚至到最後已不知為何而怒、為誰而怒，不知如何善後了。

　　無論人生、職場，不如意之事十常八九，若不懂得收斂和管理情緒，生涯、職涯都將走得比他人辛苦的。《孫子兵法》言道：「主不可以怒而興師，將不可以慍而致戰」，職位越高者越要懂得自制，不可在情緒當頭做決定，以免犯下不可挽回的

錯誤。

即使修養再好、EQ再高，仍免不了有怒急攻心之際，此時該怎麼辦呢？與其和對方繼續言辭交鋒，還不如暫離現場，緩和一下自己的心情，不讓情緒蒙蔽理智；如果無法暫離現場，除了口、手稍安勿躁，心思、精神也應轉移焦點。

每當負面情緒即將爆發之際，我選擇走上心靈的陽台，避免禍從口出。在陽台上，面對不同的情境我會先反省八件事：

1. 發怒──我是否先得罪人，而引起反擊？

2. 抱怨──我是否盡了自己應盡的本分？

3. 自大──對方的感受為何？我為何要自我膨脹？

4. 急躁──真有用嗎？應快速想出解決之道。

5. 欺騙──若為達目的而說謊，事後要做出更多的欺騙，內心是否承受得住？

6. 驕傲──我是否有驕傲的念頭？有人願意與驕傲的人為友嗎？

7. 嫉妒──不要與別人比較，要與昨天的自己比。

8. 批評──說永遠比做容易，應多體諒他人的難處。

站在陽台上望向遠處，寬闊的視野和新鮮的空氣，容易讓人「重新聚焦」，省思「為何如此激動」、「有沒有轉圜空間」、「還有其他選擇嗎」；當想過這些轉折，大多可以為了顧全大局而及時調整心態，不再堅持己見，選擇另謀解決方案、途徑。

▶廣建人脈的四種態度

想要擁有好人緣，建立厚實的人脈；根據我數十年的生涯、職涯經驗，只要做到四件事，無須刻意奉承、討好他人，便可水到渠成，其依次為：

一、正面思考：正面思考指當遭逢惡劣情況時，仍能保持樂觀，不因他人批評而沮喪、不因困難而分心。在職場上，唯有專心致志方有機會叩關成功，他人的流言蜚語、閒言閒語，甚至冷言冷語，都無須太在意，否則將離成功越來越遠的。

二、切勿自疑：內心自我懷疑的人註定是失敗的，因為他將時間和精力浪費在自我懷疑中，因內耗最終擊垮自己。因此，若要成功切勿自疑。

三、積極向上：積極的人像太陽，照到那兒亮那兒；消極被動的人則像月亮，初一十五不一樣。頹廢的人，自暴自棄連親友也會閃避不及的；努力奮鬥引領自己向前的人則人見人愛得道多助。

四、虔誠信仰：信仰是人類心靈的支柱，跨越時空、地域、種族、社會階層；當遭遇衝突、危難、險阻、痛苦時，信仰是心靈的支柱，能撫平一切負面情緒，轉而正面思考、積極向上，且不自疑。信仰虔誠者通常個性穩定、不慍不火，態度適中、分寸得當，自當人緣佳、人脈廣！

受制於環境，
是成事的殺手

沒了勇氣，其他美德都將黯然失色。

● ● ● ● ● ● ● ● ● ● ● ● ● ●

在生活或職場中，有許多人離不開舒適區（comfort zone），即使只要踏出一步就是海闊天空、甚至扶搖直上，就是有許多人不願意向外踏出這一步。更令人驚訝的是，不少人已身處困境、逆境、甚至是險境，心中滿懷怨懟、連聲叫苦，卻仍是不願做任何改變，只想逃避到無法逃避為止。

為什麼這些人寧願陷在困境也不願選擇改變？最關鍵的原因是他已「**受制於環境**」，即使才幹過人也沒有做出改變的勇氣，也就失去脫離困境的力量。許多人已受制於環境而不自知，總能想出一套自圓其說的想法安慰自己；有人明明知道再不認真工作職涯已封頂了，內心又告訴自己還是不要太突出、不要多才遭嫉；有人總會想出千百個理由不願面對現實，寧可走入迂迴曲折的路。

曾有位同事在某個工作環節出了紕漏，上司限期三天改善；但他卻遲遲沒有動作，對上司是能躲就躲，過了三天上司並未再過問此事。於是他心存僥倖認為此事應無關緊要，到了

第二十天，他更認為上司已忘記此事了。沒想到，到了第二十一天，上司約見他並說明：因為他始終沒有主動改善紕漏，公司已決定開除他了。

為什麼這位同事寧願選擇僥倖、逃避，也不願意面對問題呢？

個性怯懦的人，容易讓恐懼這張無形的牢網綁得動彈不得；面對逆境時，因害怕而不願意選擇面對，無能為力的挫敗感讓他寧願坐以待斃也不敢改變。

▶什麼是「受制於環境」呢？

在討論這個概念之前，我先舉個在一場國際重要比賽中發生的事。當時有兩位世界頂尖的體操選手，她們的戰績差距微乎其微，是奪金的熱門人選，唯有在最後一個項目成績出爐後，兩人方能一決勝負。

第一位選手上場，其表現超越平日的水準，堪稱無懈可擊；時間剛過中場的剎那間，她犯了一個會大幅扣分的失誤，全場觀眾吃驚的嘆息聲頓時四起。但這位選手在極短的時間內重新振作，再度展現出失誤前的水準，直到終場，獲得觀眾如雷的掌聲。

換第二位選手上台競技，她的表現亦讓評審眼睛為之一亮。但就在結束前不久，她應該是滿心以為勝券在握，興奮之下犯下了一個小錯誤，引起觀眾席上驚呼連連，在她沮喪的表情之下她又犯了第二個錯誤，這時肢體動作已經亂無章法了。

從轉播中可以感受到,她已經完全無法集中心神,只想儘速逃離比賽現場。

奪得該屆體操金牌者自是前者。

在大型國際運動競賽中,當下決定比賽勝負的,往往不是選手、球隊的技術,而是心理素質;若干選手、球隊在練習賽時好比一條龍,但到了正式比賽表現卻猶如一條蟲,關鍵便在於心理素質能力,也就是「受制於環境的對抗力」。

若從實戰角度觀之,「受制於環境的對抗力」是實力的重要一環。職人亦然,若不知強化這種心理素質,勢必深受環境變化的影響;唯有因時、因地制宜,快速、妥善地處理危機,甚至將危機轉為契機,才能充分表現自己。

想要不受制於環境,僅憑理智仍猶有不足,還得鼓起勇氣,願意從小小的突破開始嘗試起,其帶來的影響將超乎想像。帶領人類歷史前進的原動力正是勇氣;在此也特別強調,勇者並非無懼,而是即使恐懼至極,依然堅持向前不退縮。

▶人生始於勇氣

隨著社會、產業變化速度加劇,越來越多人無法因應、超越環境的變化,不少人借助藥物、毒品、3C產品,麻痺自己逃避現實。這些失敗者除了缺乏自信,更重要的是個性軟弱,常屈從於困境,不願主動迎擊,不善於危機處理,坐任危機擴大以致於無法收拾。

其實,沒有人天生就是勇者的,勇氣是可經後天培養的美

德。唯有在實戰中操練、一步步培養真正的勇氣；一如想學會騎自行車就得跨上自行車，想學會游泳就得跳進游泳池，想成為一位企業家就得投入創業，想成就好的品格就要改掉不良的習慣。成功者面對險境時相信自己必可擊退阻力、挫折，而且堅持到底不放棄，並從危機中不斷磨練、不斷累積實力，形成正向循環，終於跨越成功的門檻。

數十年生涯、職涯，我接觸、認識的人頗多，發現唯有勇於迎戰挑戰的人，方有機會戰勝困境、逆境、險境。人生在世，一定要有承擔的勇氣、追求美好事物的勇氣、結合理性思考的勇氣；你會驚奇地發現：一點小小的勇氣能帶給你的人生多少的回報！人生的衡量就是勇氣的衡量。

一個內向害羞的年青人，在接受我的輔導後開始在電梯中及等車時試著跟陌生人交談，幾週後不但突破不敢與人交往的困境，而且在與陌生人交談中得到前所未有的樂趣。

拿出勇氣，收穫的可能是創造生涯、職涯的新巔峰，可能是一次終生受用的寶貴經驗，也可能是發現自己意想不到的潛能！想要體會人生、世界的深刻與美好，從勇敢開始。

4 讓我真正了解你：
一對一溝通

在分配任務與開導別人之前，應該先「知兵識兵」。

• • • • • • • • • • • • •

初次擔任主管的人，無不滿懷壯志、想有一番作為；常常是新官上任三把火，積極施行理想中的「新政」。不過，常見的結局是沒喚醒同事的熱情、遭遇消極抵制，最後結果就是：不是自己攬下新政的所有業務，就是雷聲大雨點小、不了了之。

若是就地升遷的主管，先前互動熱絡的同事會因新關係而出現衝突，甚至形同陌路或對立，而感到氣餒或心灰意冷。其實，在大多數情況下並非同事們想要貪圖安逸、不願有所突破的；關鍵在於新主管不懂得知人善任，又沒有與員工進行深度溝通，彼此的信任感不足，以致不錯的改革方案皆無疾而終。

▶經理人的第一門課

如何知兵識兵、分工授權，堪稱經理人的第一門課，如果

修不好這門功課，再往上升遷的機率將微乎其微；而與下屬進行「**一對一溝通**」是知兵識兵的最佳途徑。當建立起彼此的信賴關係後，再根據下屬的專長、意願、人格特質，將其調整至最適位置，方可讓團隊如臂使指，發揮最大的戰鬥力。

一九七九年我為摩托羅拉設計出全球第一款 64K DRAM，使其躍居全球記憶體龍頭；64K DRAM 猶如印鈔機使摩托羅拉業績如日中天，也打響了我在半導體產業的知名度。

一年後（一九八〇年）我轉至長期嚮往的英特爾任職，擔任設計經理，負責開發 iRAM。英特爾是半導體產業的創新者，當時幾乎所有記憶體產品皆出自英特爾。英特爾期許 iRAM 兼具成本低、易使用兩大優點；但其設計複雜，對首次擔任經理人的我實為高難度任務。

英特爾人才濟濟、臥虎藏龍，大多數員工皆是頂尖大學高材生，工程師尤為自負。不過，英特爾紀律嚴謹、賞罰分明，更崇尚內部競爭，鼓勵建設性衝突，每年逾百分之三十新進職員離職，足見其工作壓力遠大於一般企業。

在接手 iRAM 團隊後一周，我才發現進度已落後三個月，高層亦不允許再延遲下去；之後，更察覺團隊成員多為其他團隊的棄將，這個團隊當時稱之為烏合之眾，並不為過。

我是從摩托羅拉轉進英特爾的空降主管，iRAM 團隊成員對我的敵意頗深，其他的設計團隊，甚至質疑、鄙視我在摩托羅拉 64K DRAM 的成就。我面臨了百般抵制和孤立，若干年資超過十年的同事更倚老賣老不服指令。

　　到職的二個月後，英特爾舉辦「設計審核」（design review）會議，iRAM 團隊的設計被批評得體無完膚。而且 iRAM 推出時間將比目標時限再晚六個月，可能已趕不上產業潮流變化，多位審核者建議應儘早取消此專案。

　　此會議後 iRAM 團隊士氣如雪上加霜；我雖努力為成員打氣但成效不彰，幾乎每個人都已準備私下另謀出路了。此刻，我因先前回台時感染急性肝炎，體力大不如前，醫生特別吩咐中午一定要休息，但我卻無法遵從醫囑；加上因花粉過敏鼻炎發作，白天昏昏沉沉、夜晚嚴重失眠，此時的我身心俱疲、抑鬱難抒。

　　這時，摩托羅拉的上司、同仁不時來電，希望我回心轉意、重返「娘家」。對身處水深火熱的我，此邀請深具吸引力；畢竟在摩托羅拉我如魚得水、駕輕就熟，又有戰功；現在工作所在地奧瑞岡長年濕冷，對比先前工作所在地——風光明媚、陽光普照的奧斯汀，更令人懷念。

　　但我回顧轉職至英特爾的初衷，最後仍決定不可半途而廢，所以婉拒了摩托羅拉上司、同仁的好意，仍留在英特爾。

▶對菁英當以心對心

　　我發現 iRAM 團隊成員雖個性執著、彼此不服，但他們各有專精，若能讓他們適才適所、團結一致，他們其實是精銳部隊的。但要管理眼界甚高的英特爾員工，以腦對腦註定是失敗的，只能以心對心方有機會凝聚共識、眾志成城。

　　此時，某位同仁因私事諮詢我的意見，並認為與我商議的結果助益頗大。於是，我決定改變管理方式，建立一對一的會議機制；每周舉行一次與設計工程師、程式工程師的會議，每兩周舉行一次與製圖員、技術人員的會議。每次會議不超過一小時，會議主題、內容由 iRAM 團隊成員主導；我刻意不記筆記、專心聆聽，不主動談及工作，讓他們暢所欲言。

　　起初，團隊成員對一對一會議極度排斥，認為毫無作用。但在會議中，我既不問及隱私，不問對其他組員的看法，更不外洩談話內容，不藉機挑撥離間、拉幫結派，一切光明磊落，並確保會議的隱密性；我只想透過會議表達，希望團隊群策群力，全心投入 iRAM 研發。

　　經過數次對談後，我與 iRAM 團隊成員逐步建立起信任關係，漸漸地，他們亦談及其嗜好、抱負、親友關係，與當下遭遇的困難。三個月後，因為我竭誠協助他們解決反映的問題，他們反而期待與我晤談的機會。

▶會議旨在解決問題

　　經理人務必清楚認知，會議的目的不僅止於溝通，更要適時解決問題；切忌會而不議，議而不決，決而不行，行而不果。透過一對一會議，iRAM 團隊成員從被迫的參與者蛻變為主動的參與者，態度亦從被動的觀望轉換成主動的推廣；我也深入認識 iRAM 團隊的每位成員，再按才授職、分工授權，使其樂在工作。

　　「**按才授職**」指主管根據部屬的才能、優點，重強避弱、揚長避弱，安排適當但具挑戰性的職務；「**分工授權**」重點不在分工而在授權，唯有分享權力部屬才會心悅誠服接受統御。在實施一對一會議機制後，越來越多 iRAM 團隊成員認同我的管理、設計理念，也從原本的散沙凝聚為鬥志昂揚、同舟共濟的研發設計團隊。

　　於是，我重新調整 iRAM 團隊成員的業務範疇和工作職責，因為是按才授職，所以過程未遭任何異議。最後，在採用一位成員精研的 CVS 後，終於如期、成功地研發出 iRAM，且品質精良、備受讚譽。

　　若常與部屬一對一溝通，大約只需短時間內就可了解其個性。我大致將人才分為四大類型，依次為討喜熱血型、強勢激進型、完美優思型、和平冷靜型。我們每個人的個性可能是這些類型的混合體，只是有顯性與隱性的區別。

　　一、**討喜熱血型**：個性外向幽默，擅長製造歡樂、興奮的氣氛，懂得鼓舞振奮他人，這類型**對人**有興趣，適合擔任與人互動、亟需創意的工作。但缺點在於重感覺、容易分心、執行力弱、專注力較差，可能忘東忘西，需要不斷從旁提醒。

　　二、**強勢激進型**：個性好強，**對做事**專注，言行舉止充滿權威感，總在尋找新的挑戰，有強烈的企圖心成為領導者，可明確掌控工作進度，協助他人判斷利害得失，且擅長危機處理，可快速釐清狀況、衡量輕重、當機立斷，下達明確且正確的指令。但缺點是容易驕傲，缺乏同理心、同情心。

　　三、**完美優思型**：個性坦誠、**對知識**著迷，精通理性分

析、思考力過人，做事有條不紊，無論擔任何種職缺，皆強調願景、價值、夢想，堪稱完美主義者，希望每件事都做到盡善盡美。缺點在於缺乏自信、過於重視細節，容易挑剔他人，不易與他人親近。

　　四、和平冷靜型：個性開朗穩重，在任何情況均以**和諧第一**，適合當調解者，懂得在紛亂保持冷靜，並找到折衷方案，對惡劣情境反應較不激烈。缺點乃是過於低調、散漫，缺乏進取心，偶爾不守紀律，且較為優柔寡斷。

　　「一對一溝通」是認識彼此的最佳途徑，所以，無論是在企業、家庭、社團，若是能活用此溝通，在引導孩子、了解他人，甚至開導他人，都是無往不利的好素養。

共贏法則：
利他是最好的利己

在一個失敗的團隊中，沒有任何人是成功者。

● ● ● ● ● ● ● ● ● ● ○ ○ ○ ○

兒子念高中時，我陪他看了一場校際比賽。比賽結果，A
隊以 70 比 73 敗給了 B 隊。

A 隊隊長 Jerry 是個風雲人物，個人全場獨得 50 分；比賽
中也不斷要求隊友傳球給他，企圖以一人之力對抗敵隊。B 隊
得分則相當平均，有高達五人的得分都超過兩位數，當然也包
括隊長 Tommy。聽說，Jerry 賽後抱怨：「都是因為隊友太弱
才輸球，全場只靠我獨撐戰局。」

其實，我觀看的結果，擔任控球後衛的 Tommy 球技不
遜於 Jerry，但 Tommy 的球風大公無私，不以自我為中心。
Tommy 隨時掌握其他四位隊友的位置、動向，他總能找到最
佳時機為隊友助攻得分、時時鼓勵隊友；當隊友位置皆不佳
時，他則努力挑戰籃框企圖得分。B 隊球員向心極強，完全信
任 Tommy 的領導。

A 隊會輸了比賽，完全是因為 Jerry 個人得分太高、企圖
以一擋五！這一課如果 Jerry 能在高中時就學會了，以他的風

雲人物性格，未來在職場上是不可限量的。

▶團隊勝利定個人成敗

　　幾十年的工作經驗裡，不難看到有些人的專業知識和技術是鶴立雞群的，但他始終與升遷絕緣，很根本的問題就出在「缺乏團隊意識」。

　　也看到有些經理人天天加班，有時連假日也到辦公室報到，個人的業績稱霸全公司，他的部屬卻時時閑著沒事做；因為他自己攬下了所有重要的工作，還常抱怨沒有人幫忙。如此心態和作法，只能無奈地成為「萬年主任或萬年襄理」，原因無他，因為**在一個失敗的團隊中，沒有任何人是成功者**的。所以想成為一位當行出色的管理者，務必認識且身體力行「共贏法則」──**利他永遠是最好的利己策略，唯有協助他人、提高他人的價值，自我的價值方得以提升。**

　　中國歷史上的楚漢相爭，亦是印證共贏法則的最佳範例。

　　秦始皇駕崩後，繼位的秦二世遭權臣趙高架空，倒行逆施以致群雄紛起，經過幾番兼併，僅存楚漢對峙。西楚霸王項羽堪稱一代天驕，能征善戰、兵多將廣，最後卻敗給曾被父親斥為無賴的漢高祖劉邦。

　　項羽輸了，輸在他剛愎自用、專斷獨行，導致武將、謀士紛紛叛逃；兵敗烏江後因無顏見江東父老而自刎。劉邦才智、品德皆不堪聞問，卻重用及充分授權張良（子房）、蕭何、韓信等人，幫助他開創了國祚超過四百年的大漢帝國。

晚年時，劉邦曾自我剖析：「運籌帷幄之中，決勝千里之外，吾不如子房；鎮國家，撫百姓，給餉饋，吾不如蕭何；連百萬之眾，戰必勝，攻必取，吾不如韓信。三者皆人傑也，吾能用之，所以取天下也。」

想從一般上班族晉階為管理者，或從低階主管攀升至中、高階主管，必先實踐共贏法則。若不願遵行共贏法則，多半只能成為優秀的專業人士，即使升上低階主管，必定也與部屬勢同水火，或猶如兩條平行的線難有交集，除了團隊成績頂多差強人意，個人要再升遷難度甚高。

一個成功的管理者，不僅個人業務得兢兢業業、戮力以赴，還要讓部屬心悅誠服、恪守崗位、各司其職，願意為團隊目標而努力。所以，並非每個人都可成為優秀的管理者的，但只要用心學習一定可以不斷提升管理能力。

▶權威式管理短多長空

經理人的管理模式約可分為兩大類：權威式管理、感召式管理。

權威式管理出發點為**利己**，奉行高壓、利誘，不斷壓榨部屬，經理人將部屬視為可任意驅使、擺佈的旗子，隨時掌控部屬的一舉一動；此管理法雖有立竿見影成效，卻是短多長空、無法持久，只適合管理知識、文化層次較低的員工。

採用權威式管理的企業或主管，其員工一旦意識到自己只是棋子，甚至面臨用完即丟的命運，勢必缺乏認同感、歸屬

感，也喪失工作的熱情和鬥志，工作也一定只求交差了事；若
有跳槽機會一定馬上辭職走人的。

　　感召式管理的出發點是**利他**，經理人總將部屬的需求置於
自己的需求之上，與他們共榮共辱，信任、尊重部屬。在工作
上，時時主動關懷部屬，協助他們超越自己、持續進步，激發
其最高潛能；同時能放低身段、仔細聆聽他們的心聲，以同理
心思慮他們的處境，並欣賞、讚美其長處。

　　當部屬感受到成就感、榮譽感，工作自當全力以赴，並全
力配合主管的指令，與其他同事相互應援，達成團隊的目標和
任務。雖然，初期部屬可能半信半疑，但經理人持之以恆、信
守承諾，必可取得他們的信任，從被動聽命從事轉為主動積極
任事，而且絕不爭功諉過。

　　貫徹感召式管理的企業、部門，管理者和部屬雖有職位高
低之別，但經理人將部屬定位為合作夥伴，和他們分享理念、
願景，致力使其成為共同的目標，並讓他們由衷認同，在齊步
向前時，雙雙均能成長，團隊戰力必可越戰越堅強。我深信職
場上亦有愛，經理人向部屬傳達關愛，也必將獲得部屬善意的
回報。

　　根據蓋洛普（Gallup）的調查，約有百分之六十五的離職
員工，離職主要動機是因為要離開頂頭主管；其原因不外乎：
對上司喪失了信任與信心、個人的價值未獲認可、看不到發展
空間。

　　權威式管理在二十世紀當道，但到了二十一世紀，感召式
管理逐漸當道，因為二十一世紀的知識型員工，無論知識、能

力皆遠高於二十世紀的生產型前輩，但精神狀態卻較為焦慮、混亂、不確定，對工作不只要求合理的薪資，更希望擁有認同感、歸屬感、參與感、成就感，對未來充滿夢想，這些特質的工作者非感召式管理無法統御。

共贏法則的精髓在於：協助並提升他人的有形、無形價值，就是提升自我價值的最佳途徑；提升自我的自尊、成就，最快的實現策略乃是提升他人的自尊、成就——自我與他人的提升是同時發生的。

一家完全向錢看的企業，即使一時風光終將曇花一現，很快衰退甚至消失；反倒是若干奉行共贏法則的企業——致力產製優質產品、提供客戶優質服務、有計畫地回饋社會——卻可長盛不衰、日益興旺！

找出你的成事幫手和敗事殺手

　　成事者，總能在一般人最想不到的地方，找到資源，得到幫助。

● ● ● ● ● ● ● ● ● ● ● ● ● ●

　　唐太宗曾言：「以銅為鏡，可以正衣冠；以史為鏡，可以知興替；以人為鏡，可以知得失。」只不過，良藥苦口忠言逆耳，無論在生活、在職場，大多數人都是喜歡被讚美，厭惡批評，即使喜怒不形於色的人，也是無法免於日益親近讚美者並疏遠批評者的人性；久而久之，越來越聽不到真話，離事實越來越遠，偏聽、偏見、偏信的結果就是無法讓人做出正確的判斷和抉擇。

　　聽聞他人的批評時，首先應分辨其為「惡意的批評」或「善意的批評」。分辨之法是要先平心靜氣地與發言者多溝通幾句，很快就能知道其出發點是利己——惡意的批評，還是利他——善意的批評。若是惡意批評，可一笑置之不必理會；若是善意批評則不應逃避，反而應找尋適當機會主動、懇切地與批評者溝通，除了謝謝他的指教，也應該針對他的反映有所回應。

▶靠發燒友起家的小米機

　　善意的批評是企業成長的原動力，最好的例子就是在手機市場地位無可撼搖的蘋果霸主，以及後起之秀小米。兩家企業的共同點在於：虛心接納發燒友的批評、不斷改進產品的缺點，結果發燒友的陣容越來越盛大，他們生產出來的產品是其他企業皆無法纓其鋒的。

　　蘋果創辦人賈伯斯，生前親自與一大群的蘋果發燒友頻繁互動，每當蘋果有新產品問世時，發燒友們總是踴躍提供各種意見，這些意見是蘋果產品改版時的最佳參考依據。這些發燒友不僅是死忠消費者，更是諍友、參謀、不支薪的推銷大將；他們像傳教士般，熱心地向親友推薦蘋果的產品，而且永不厭煩。

　　小米起初並非手機企業，而是手機發燒友的網站。隨著瀏覽人數與日俱增，在蒐羅到諸多專業意見後，小米決定自行生產手機；消息一公布立刻就有上萬名發燒友預訂，小米挾著巨量訂單，成功壓低生產成本，就此一飛衝天躍居手機大廠，之後再延續此模式持續壯大。

　　一個領先產品（product）或想法（idea）從研發到普遍化，使用族群依其使用時間先後，分別為創新者（innovators）、早期使用者（early adopters）、前端大眾（early majority）、後端大眾（late majority）、落後者（laggards）。成功者在贏得普遍化之先，須得到創新者加上早期使用者的數目超過百分之十五的轉折點時，方能影響到其他的使用族群，而發燒友正是早期

使用者，也就是消費者市場裡的意見領袖，若此產品未獲足夠的早期使用者支持，很可能就此下市，無重見天日的一天。所以，一家企業的發燒友人數越多，越易呼風喚雨、超越同業。

每一家企業的每一個部門，在眾員工中一定也有人是相當意見領袖的角色，經理人若可獲得意見領袖的信任，推展業務必將風行草偃、事半功倍（成事幫手），反之，則將事倍功半（敗事殺手）。因此，若非原地升職，新主管在就任後應將找尋員工中的意見領袖，列為最重要的工作事項之一。

意見領袖並非指人緣最佳、長袖善舞者，也不是自己能力不足，藉著拉幫結派，以求生存的麻煩製造者；此處的意見領袖，其共同特點為專業能力超越同儕、無可替代，對有興趣的工作全心、全神投入，甚至願意無償加班，直到有所成果或答案水落石出方肯歇息。

只是，意見領袖雖可影響或左右其他同事的看法，但缺點是不合群，自視甚高目中無人，瞧不起專業能力略遜的同事，也看不慣工作不如他們努力的人，且絕不認錯，時常抱怨別人不了解他們；亦常批評別人的不是，同事、上司皆難倖免；若無法以理服之，他們是會抗命的！

▶面對面與心對心的對待

在職涯中，關鍵時刻幫助我最多的部屬，並非最聽話、最服從者，反而是眾人眼中的搗蛋份子、麻煩人物；這些搗蛋份子、麻煩人物若能善用他們、發揮他們的影響力，他們就是意

見領袖、成事幫手；若忽視、輕視他們，他們就成了你的敗事殺手。要意見領袖的鼎力協助，得先取得他們完全的信任。

　　想要取得意見領袖的完全信任，最佳策略為面對面、心對心，先為他們解決難題，建立起伯樂千里馬的夥伴關係，此後即使遭遇再大的風浪，仍堅定支持他們，強化彼此的信任關係，他們必當竭盡所能。

　　我在摩托羅拉擔任 FSRAM 全球總經理時，在我的麾下便有三位這種意見領袖型的部屬；一位是設計經理，一位是設備部門的要角，一位則是製程經理。三人皆是一方碩彥，卻和其他同事扞格不入，屢屢傳出糾紛、爭執，每次都得我出面調解。

　　有次，他們犯了眾怒，人事部經理希望徵得我的應允對三人進行懲處；我決定與他們個別面談之後再做定奪。在面談中，我先肯定他們的專業成就，與對企業、部門的貢獻，並特別強調，我會盡一切努力與他們繼續合作，所有語言不涉對錯、不責備、不威脅、不命令。

　　藉由心對心的晤談，他們終於卸下心防，吐露藏在心底的話。原來，他們內心亦充滿恐懼，脫序的行為舉止旨在保護自己，因為他們認定別人不喜歡也不接納他們；我仔細聆聽後，發現真正根本的原因在於——他們厭惡自己。

　　面談結束後，我回覆人事部經理不做任何懲處，並請人事部擬訂輔導方案——我全力支持並支付相關的費用。於是，他們得以前往卡內基訓練中心，免費學習「如何喜歡自己」、「如何與他人溝通及互動」等課程，每週上課三次，為期十三周，

時間皆在下班後。

經過十三周，他們彷彿脫胎換骨般重生，變得談笑風生、和藹可親，不再鑽牛角尖與同事們起衝突，更願意肩負高難度的工作，對部門貢獻度大幅提高，同事們都樂意與其親近；更重要的是，他們遠比昔日更快樂。

▶挽救危機的意見領袖

此時，為了方便供貨歐洲客戶，我決定將奧斯汀廠部分產能移往蘇格蘭廠；並與生產部門約定三個月內完成遷移、測試、供貨。沒想到，蘇格蘭廠晶片測試屢屢失敗，等轉回奧斯汀廠測試時，距離與生產部門約定的時間只剩下一周。

令我頭痛的是，奧斯汀廠上下依然找不出癥結所在。三天後，我決定派遣這三人進行測試，他們必須在四天內排除問題，否則後果不堪設想。經過整整兩天兩夜的測試，用盡了所有測試工具依然徒勞無功。

三人前來向我報告時，個個疲憊不堪、愁容滿面，不斷地抱歉：「讓你失望了」；更希望在十分鐘後繼續返回實驗室努力。當時，我帶著笑容說：「你們是部門的菁英，倘若你們找不出癥結所在，相信全世界也無人可解，我完全信任你們的能力。至於最壞打算，我從未想過，因為你們一定可如期完成！現在，你們又餓又累，應該立刻回家。吃飽後，洗個熱水澡，馬上去睡覺，保證到了明天早上，你們就會找到答案。」聽完我的建議，三人在半信半疑中離開公司。

　　隔天早上，他們透過電話聯繫，不斷進行腦力激盪，三十分鐘有了具體結論，隨即連袂趕赴實驗室，這次只花了三十分鐘就找出癥結點──在一個小環節設定錯誤，終於重新啟動晶片生產。

　　解決了這個燃眉之急後他們不斷追問我，為什麼我預測得到他們可及時完成任務？我告訴他們：「我不是預測，而是完全相信你們可以找出問題，解決這次的難關，這就是相信而帶出來的能力」。

人才管理與人才培養

招人要慢，走人要快，人才的管理與培養並重。

● ● ● ● ● ● ● ● ● ● ● ● ● ● ● ● ●

　　很多基層的工作者都會有自己只是企業中的小螺絲釘、隨時可能被淘汰的焦慮感，然而，企業經理人無論職位高低，都不應該像早期的工廠廠長般，將員工視為隨時可替換的設備、零組件；有時也應該像個農夫，細心培養、呵護員工，才有能耐吸引、招納優秀的人才。

　　幾乎所有企業主、經理人，都深知人才的重要性，但卻罕有企業主、經理人重視人事並直接參與人事管理；原因不外乎，不喜歡或不知如何做。被譽為二十世紀最偉大經理人的傑克・威爾許（Jack Welch），在擔任奇異（GE）公司執行長時，親自掌控人才的任用、調派，成功帶領一度暮氣沉沉的奇異，重新成為最具競爭力的企業之一。

　　威爾許掌舵奇異初期，先大刀闊斧地進行改革，裁撤已無市場競爭力的部門，保留並強化執市場牛耳的部門，並積極招募、培育優秀人才，終於讓奇異風華再現。對於員工，企業應建立兩套體系，兩者缺一不可：**一是「人才管理體系」，著重**

於員工當下的績效，企業經理人像個工廠廠長；另一則是「人才培育體系」，側重在員工未來的潛力，企業經理人應像個農夫。

▶人事非急事卻是要事

雖然，人才的選用、提拔、培養、調派都不是急事，但企業主、經理人務必將其視為要事。隨著企業、部門規模越來越大，企業主、經理人應花更多時間，思索、安排人事，不可將其全權委託人事部門；拾級而上的經理人，因為管轄的部屬人數不斷增加，更應如此。

企業主、經理人應深刻認知到，每一個員工都是有生命、有思想的獨立個體，需要幸福感、光榮感，不可讓他們感覺像螺絲釘一般；員工上班不僅為了薪資，更為了個人、家庭的幸福，並希望藉工作獲得成長。

企業若要超越競爭對手，決勝關鍵多為人才多寡、良莠。企業主應指示人事部門，設計富彈性、人性化、全方位的人才管理體系與人才培育體系；經理人則應扮演部屬與人事部門的橋樑，積極、正面協助部屬，了解企業人才管理體系、人才培育體系，激勵部屬奮勇向前，讓他們的業績、視野、企圖皆不斷成長。

不過，大多數企業主、經理人皆誤解人才的定義，**人才並非最聰明、最能幹者**，亦非只能從求職市場中網羅；真正的人才常常藏在企業、部門中。在我看來，**一個員工若適才適所且**

能力持續增強，顯示其逐漸發揮潛力，便是最佳、最適、最具價值的人才。

　　因此，企業主、經理人不能輕視原有部屬，誤信唯有對外招兵買馬才能解決人才荒；空降部隊必須歷經磨合期，才能熟悉、融入企業或部門的運作。其實，最佳、最適、最具價值的人才通常不是招募來的；從企業內部拔擢人才，不僅事半功倍更可激勵員工士氣，強化其向心力、忠誠度。

　　在此並非全然否定對外挖掘幹部的必要性、重要性，但根據我多年的觀察，發現幾乎所有的龍頭企業，其主要幹部約百分之八十由內部培養，僅約百分之二十由外部延聘；雖然由內部培養人才耗費時日，但空降的主管從加入團隊，到與部屬、同仁齊心協力，同樣非數月甚至數年之功，且失敗機率較高。

　　若要縮短內部培養人才所耗費的時間，企業主、經理人就得親自管理人事，並培養深富潛力的人才；假使將人事管理全權委託人事部門，還可能導致若干人才遭到埋沒，最後甚至琵琶別抱，反倒成為企業的強勁對手。

▶建立有生命的人才體系

　　若將有生命的人才體系喻為農作物，其土壤當是健全的企業、部門文化；健全的企業、部門文化，其主要養份為誠意與創意。

　　一、誠意：指以誠待人、正派經營、互信互重、和諧合作、全力以赴、勇於負責、合規合格、品質至上，注重品德、

誠信、團隊精神。

　　二、創意：指顛覆傳統、不斷應變、精益求精、追求卓越、冒險犯難、正面思考、滿懷希望、創造未來，推崇挑戰、勇氣。

　　企業、部門最需要的人才，不僅得擁有卓越的專業知識、綜合能力，更要認同企業、部門的文化；否則其專業知識越高、綜合能力越強，反倒越容易跳槽，企業、部門傾注資源培養，卻是為他人作嫁。

　　為何企業主、經理人培養人才時應像個農夫呢？農夫耕種有生命的農作物，按農作物的特質灌溉、施肥、修剪，不可揠苗助長，不可違逆其天性，為一長期、周而復始的工作；唯有用心耕種，方有機會歡呼豐收。企業主、經理人效法農夫，方可建立有生命的人才培育體系。

　　企業主、經理人看待與對待員工，若無培育之意，僅有管理之心，其心態將與早期的工廠廠長相仿，只在乎訂單可否準時交貨、業績可否續創新高，因此員工亦抱持過客心態，毫無向心力、忠誠度可言，流動頻繁根本無法培養、挖掘人才。

　　一個企業如何建立健全的人才管理體系、人才培育體系呢？我認為其應再細分為員工招聘體系、組織架構體系、福利薪資體系、績效考核體系、末位淘汰體系、晉升管道體系、員工培訓體系、股份分紅體系，方可稱為全方位的人事體系，且運轉如意、人才輩出，其依序簡述如下：

　　一、員工招聘體系：企業、部門若要從內部培養幹部，關鍵當在於嚴選基層員工；挑選富潛力且與企業、部門文化契

合的新秀，並予以精心栽培。我在大陸創辦上海毅仁（E28）時，便設定以下徵才原則：

1. 根據任務挑選員工，而非根據職缺。

2. 徵聘一個員工，至少要有三個人選。

3. 不可輕信自己或他人識人的能力。

4. 不可快速決定人事。

5. 務必釐清求職者離開上一家公司的真正原因。

6. 追問求職者在職涯上的最大成就，並由其言辭判斷真假，或是否有誇大之嫌。

7. 請求職者陳述在職涯曾犯之最大錯誤，並從中學習到哪些經驗。

8. 嘗試了解求職者綜合能力高低，可否與他人密切合作。

9. 嘗試了解求職者的人生觀、價值觀，與企業、部門文化是否契合。

10. 由五位主管進行面試，避免因一人之見，錯失了可造之材。

二、組織架構體系：只是，即使嚴選基層員工，若企業、部門組織架構，或疊床架屋，或令出多門，人才依然可能被埋沒。因此，我建議企業主、經理人應以業績、客戶為核心，重新設計組織架構，避免過多層級、一人身兼多職，讓每位員工擔任最合適的職銜，並將創新單位與營運單位分開；且組織架構應書面化、公開化，以確立權責。

三、福利薪資體系：優秀人才對工作的期待，不僅是成就感、能力增長，也包括合理的福利、薪酬。企業、部門應給予

可激勵員工的薪酬，但也要避免超越財力可負擔的上限；同層級員工薪酬計算模式應相同，致力立足點平等，而非齊頭式平等。

更重要的是，每一位員工可根據當月表現，快速、正確計算出自己可獲的薪酬。薪酬計算方式應簡明，卻不一定要公開，制訂員工薪酬應慮及產業平均水準，但評量企業、部門財力，不一定得高於產業平均水準；部分薪酬應由員工近期業績決定，以激勵業績卓越超群者。

四、績效考核體系：在建立健全的組織架構、福利薪酬制度後，若無促進優勝劣敗的績效考核制度，人才亦難以出頭。我的經驗是，考核指標至多不超過三個，其應和薪酬獎勵直接聯結，且與企業、部門關鍵指標一致；制訂考核指標時，應參考員工的意見。

不可忽略的是，考核指標應書面化、公開化，讓每位員工認識、認同，並可根據考核指標計算自己可獲得的獎勵；考核指標更應維持穩定，在一年之內，除非特殊狀況，儘量勿更動考核指標與相對應的獎勵，以免人心浮動。

依照考核指標，分數最高的一成員工，可註記「非常優秀」，後三成員工可註記「很好」，之後三成員工可註記「合格」，再後兩成員工註記為「需要改進」，最後一成員工，則列為「不合格」。

五、末位淘汰體系：針對最後一成員工，應深入探索其不合格之原因。若其職位不當應予以轉職，若能力不足應予以培訓；若其工作態度欠佳可進行輔導，若輔導成效仍不彰，則應

果決裁撤。

　　六、晉升管道體系：但企業主、經理人切記，應針對不同職務的員工，設計不同的升遷管道；並清楚定義可升遷職位的權利、責任與條件，但也應明訂淘汰機制。

　　七、員工培訓體系：企業、部門培訓員工，應以內部培訓為主、外部培訓為輔，企業主、經理人也應親自投入培訓，訂定學習時數、內容，並讓培訓成為升遷的必經管道；培訓內容不該是泛泛之談，而應鍛鍊員工面對、解決問題的能力。

　　八、股份分紅體系：至於股權獎勵，我建議規模宜小不宜大，只獎勵最傑出、最具貢獻的員工，股權獎勵應和薪酬獎勵接軌，讓員工持股數與其責任、業績高低等量齊觀。

做自己生命中的貴人

每一個人的人生，都是他自己心中描繪的樣子。

● ● ● ● ● ● ● ● ● ● ● ● ● ● ●

「世有伯樂，然後有千里馬。千里馬常有，而伯樂不常有。故雖有名馬，祗辱于奴隸人之手，駢死於槽櫪之間，不以千里稱也。」韓愈的〈馬說〉一文傳頌千餘年，許多人亦以千里馬自況，成天嗟嘆懷才不遇，遇不到賞識自己的伯樂，被迫平凡、庸碌過一生。

總結數十年職涯，我更加相信世間充滿諸多因緣，只要一次因緣際會便有機會攀登事業新高峰；但前提在於，不可輕忽任何一個人、也不要錯過任何一次助人的機會，更應學習對每一個人熱情以待、把每一件事做到完善、對每一個機會充滿感激，將可增加遇上伯樂的機會。

▶贏家和輸家的不同

縱使遇不上伯樂亦非世界末日，因為每個人都是自己生命中最重要的貴人；如果連自己都放棄自己，就算伯樂出現恐怕

也認不出你是千里馬！決定贏家、輸家的關鍵因素，並非學歷、經歷、身世，而是態度──「贏家永遠不放棄」（A winner never guits.）、「懦夫永遠無法贏」（A quitter never wins.），此理千古不易。

面對困難，贏家會說「讓我們找出原因，並勇於做出承諾」；輸家則是推諉、拖延、敷衍；贏家常謙虛說是運氣好（老實說，僅憑運氣是無法達陣的），輸家卻總將失敗歸咎於他的厄運（但運氣不佳僅是眾多原因之一）。

贏家善於傾聽，尊敬比他更優秀的同學、同事、同儕，甚至客戶、對手，虛心地學習其他人的長處；輸家總愛打斷別人的話，遇到比自己更優秀的人，總是忿忿不平，並努力找出其短處。在職場上，贏家除了做好份內的工作，還不時幫助其他人；但輸家總是自掃門前雪，不管他人瓦上霜。

若想遇到生命中的貴人，下面這則真人實事值得深思和借鏡。

二十世紀二〇年代的美國，一個風雨交加的夜晚，一對老夫婦走進一間飯店的大廳，想在此投宿一晚；飯店夜班服務生誠懇地說：「非常抱歉，現在所有的客房皆已客滿；若無風雨，我會送二位到與本飯店相互奧援的另一家飯店。不過，現在風雨甚大、不宜外出，二位今晚可否屈就我的房間呢？」

這位服務生接著解釋，他的房間雖然無法與客房相提並論，卻一樣乾淨；而他今晚執夜班，可在辦公室歇息。老夫婦歡欣地採納了服務生的建議，並因造成服務生的不便向他由衷

地致歉。

隔天，雨過天晴，老夫婦準備離開飯店。老先生走到櫃檯前結帳，櫃檯後方站著的正是昨晚幫助他們的服務生。服務生婉拒了老先生的錢，語氣溫和地表示：「昨晚，您們並非入住飯店客房，所以無須付費，還希望您與夫人睡得安穩。」

老先生深受感動，向服務生點頭致謝，並對他說：「你是每個飯店老闆夢寐以求的好員工，或許，改天我應該幫你蓋一間飯店。」當下不以為意的服務生，竟在數年後收到一封掛號信，寄信人正是老先生，信中除了講述風雨夜的往事，還附上一張邀請函與往返紐約的來回機票，邀請他前往紐約一遊。

老先生與服務生相約在紐約市第五街與第三十四街的交叉口，眼前矗立著一棟嶄新又豪華的飯店。老先生對服務生說：「這是我為你蓋的新飯店，希望由你來經營。記得當年我的承諾嗎？」服務生驚喜莫名，但不解老先生為何選擇他，還以為另有條件；老先生肯定地說：「沒有任何條件，因為你正是我夢寐以求的好員工。」

老先生正是富豪 William Waldorf Astor，他在紐約市興建的這家飯店，就是帶動華爾街數十年繁盛的華爾道夫飯店（Waldorf-Astoria Hotels）；華爾道夫飯店首任總經理 George Boldt，就是一夕之間由服務生躍居一家飯店的經營者。華爾道夫飯店自一九三一年啟用後，在 George Boldt 的經營下，成為紐約市飯店的指標，是世界各國政商名流造訪紐約市下榻的首選。

▶當自己貴人的勇氣

　　倘若肯用心，一定可遇到生命中的貴人，從此運隨心轉、一帆風順；在我的職涯初期，我遇見了四位貴人，他們對我的啟發終生受用。

　　第一位貴人是研究所暑假時打工的工廠領班，因為他給了我一支掃把後把我忘了，在我實踐工作不設限後，他肯定了我的認真和用心掃地。第二位貴人是 RCA 的前輩，在他不斷找我麻煩後，我為了學本事而主動求教於他，在肯定了我的勇於發問後，他將我轉入設計部門。第三位貴人是我在 Mostek 的上司，因為他樂於助人，我主動建議讓我獨立操作晶片模擬設計的工作，在他的肯定下，我找到職涯的定位；第四位貴人是我加入摩托羅拉時初期的上司兼設計經理，在我找出由他設計的 16K DRAM 中的錯誤後，對公司做出巨大的貢獻，卻得罪了他；往後在共同設計 64K DRAM 時，我們又競爭又合作做出世界上第一的 64K DRAM，是他催逼出了我的獨立自主。

　　由此可知，想遭逢生命中的貴人，守株待兔、廣結善緣皆非正法；唯有鞭策自己精益求精，自然會獲得伯樂的賞識。人的心思意念總會召喚與之一致的現實，而人總選擇性地面對世界，只留意與看見自己相信的事物，對自己不相信的事物視而不見。

　　既然心念與現實相互吸引、影響，思想猶如繪畫的工具，以人生這塊畫布來作畫；一個人的心念若是消極、醜惡，所處環境必當消極、醜惡，其心念若是積極、善良，所處環境也必

當積極、善良。

　　於是，當面對不利的環境、狀況時，若可妥善管理自己的心念、情緒，鍛鍊過人的 EQ，專注於積極與善良的人、事、物上；持續堅持信念，就可逐步改善環境、狀況。

　　越懂得情緒管理、心念控制，便越能運隨心轉。當關鍵時刻到來，不會心慌意亂、自我否定，並透過正面積極的思考，吸引對自己有利的人、事、物，讓思考滲入潛意識，激發右腦進行逆向思考，並形成正向循環。最後，在靈光乍現後，職涯、人生轉捩點就會造訪，找到突破困境的方法與途徑。

　　可嘆的是，大多數人面對困境時，不願改變固有的思考方式。許多從頂尖大學畢業的優秀學生，在初入職場時表現亦頗為亮眼；但遭遇關鍵時刻，知識、常理皆不足以應對，卻不懂、不願或不敢創新，最後，終生在鬱悶與不解中度過整個職涯。

　　但發想出的創新方法、途徑，在說服他人之前先得說服自己。雖然條條大路通羅馬，但各領域成功人士皆有一共通點：相信自己；在未達目標前，即使他人質疑、勢單力孤，依然不為所動。

　　人生固有命運，卻也擁有自由意識，自由意識與上帝旨意相互動，造就了人生。面臨關鍵時刻，注意由神掌控的徵兆指引並追隨它，努力改變僵化的心態、創造自己的人生，這時，自己就是自己的貴人了！

【魅力】動動腦‧操練題

A. 操練題：工作不設限

　　1. 雖然我們當中很多人的工作範疇不包括產品生產，建議申請參觀就職公司產品生產流程，有助於具體、深入了解常掛在嘴邊的產品。

　　2. 嘗試閱讀公司的季度和年度財務報告，若有不懂之處，可向主管或公司財務人員請教。

B. 操練題：收拾情緒，換個角度看待

　　從自己的角度寫下最近一次的抱怨情事或跟別人衝突的事端；再從對方的角度寫一遍，兩相比較，說不定會帶出意想不到的對事件及人物的重新認知。

C. 操練題：找出「怕」，操練勇氣

　　1. 據統計，多數人對公眾發言的恐懼大於對死亡的恐懼，勉勵自己定期參加會議主持人的訓練，以及主動請纓做跨部門的培訓。

　　2. 在每次的社交活動中，主動找至少三個陌生人聊天。

D. 操練題：善用一對一溝通，將心比心

　　1. 請下屬提前設立和你一對一談話的議程，內容一定是他／她們心中所掛慮之事。

2. 回顧上一次一對一所講重點，你有幫助下屬解決問題或提出創意性並實用性的意見嗎？

E. 操練題：感召式管理

讓核心下屬參與重大專案的設計及計畫，也可適時適量地帶他／她們出席和上司的討論會。

F. 操練題：善用部門裡的意見領袖

1. 在部門公開會議上充分肯定意見領袖的能力，把重要的工作交給他／她以顯你對他／她的信任。

2. 幫助意見領袖學習人際關係，讓他／她為全團隊做出貢獻，團隊做得好，每一名隊員都獲益，讓他／她自己贏得其他隊員的尊重。

G. 操練題：規畫培養人才

了解每一位部屬的短期及長期計畫，讓員工清楚他／她還需要進一步提高的地方；有針對性地放手讓員工嘗試他／她想達到的職位責任。

H. 操練題：改變思維，培養自己

你有設立自己的職業規畫嗎？還是每天只知完成老闆交付的事而沒有思考自己一生到底想完成什麼？離這個目標還有多遠？要怎樣做才可能一步一步達到它？

Part

3

動力
完成夢想的火車頭

本事要學就要學通，先深再博

所有突破阻力的工具都是尖的，特點是力量集中、好使力氣；所有增加阻力的工具都是寬的，特點是使力量分散、消耗力氣。

● ● ● ● ● ● ● ● ● ● ● ● ● ●

作家錢鍾書的名著《圍城》裡，形容男主角方鴻漸「興趣頗廣、心得全無」，這也是當下諸多學生、上班族的寫照。倘若未練就精練的專業能力，在職場年資越深就業機率反而越低；假使專業能力能鶴立雞群，壓根不必擔心就業問題，工作機會會自動找上門的。

要如何做到專精呢？

初入職場，切忌眼高手低、好高騖遠，唯一要務是強化專業能力，其他皆屬次要；若要強化專業能力，就應以成為某特殊領域的專家為目標，未達目標前絕不放鬆、放棄。在學習成為專家的過程中，無論做事態度、學習方法、表達方式、與人互動的模式，都應學得徹底、不要只是皮毛就好——半瓶醋是響叮噹，但無法晉身真正的專家。

▶先深再博成專家

要成為專家的過程，下面的態度轉變是一定要的：

1. 做事態度應從交差了事，轉為解決問題
2. 學習方法應從被動受教，轉為主動求教
3. 表達方式應從被動回答，轉為主動建議
4. 與人互動應從在不如己者前吹噓，轉為向勝己者請益
5. 學習專業應從膚淺會做，轉為深入學通

如此，專業能力才能從膚淺逐步累積為深厚、精湛；先質變而後量變，精通一項專業後再學習其他專業，將更快得心應手。

不過，就像球員勤練基本動作、勤打練習賽，如果未參與真正的實戰，就無法確認實力高低優劣，許多球員貌似虎虎生風，實戰時卻是自信大於能力、中看不中用。職人亦同，唯有通過市場測試、驗證，方是真正的專家。

要成為優秀的經理人，專業能力、綜合能力是既深且博的，但邁向此一境界前，應先深再博抑或先博再深？卻困擾諸多職人。在我看來，唯有先深方能再博，這是步步高升的康莊大道，一但先博就不容易再深，費時費力也無法持續前進，是葬送無數職人寶貴時間的死巷。所以，在成為經理人之前，專業能力質變應重於量增，深應重於博；不應該花時間學習與專業不相干的事務，或攻讀虛有其表的證照或學位。

　　套用俗諺，先深再博旨讓自己的專業能力「一寸寬、一里深」，先博再深則讓專業能力「一里寬、一寸深」。從校園甫步入職場的社會新鮮人，若要快速跨越理論與實務的鴻溝，晉升為眾人尊重的專家，就得先求深；也唯有往深處鑽研，才能超越同樣努力的同儕。

　　先深，方可為自己找到堅實的立足點，引發學通的「連鎖反應」，吸引到更多合作夥伴；先博，可能「樣樣通樣樣鬆」，實戰時雖令人眼花撩亂卻都不堪一擊，更形同多面作戰，徒然增加諸多對手，頗為不智。

　　不斷鑽研某個特殊領域，將資源、時間、精力聚焦於此，專業能力方可達到「一寸寬、一里深」，創意也將源源不絕，讓客戶無法拒絕、讓對手難以抗衡，職涯必當更加順暢，接下來便有餘裕鍛鍊廣博的專業能力與綜合能力。

▶專家依能力可分為三階段

　　專家依其能力深淺，還可分為初級專家、中級專家與高級專家三階段；在我擔任經理人之前，便相繼經歷此三階段：若可學以致用，學會從理論思維到實際動手，這是初級專家；在能上手後，可精準完成工作並指導後進，可稱為中級專家；若可獨當一面，且專業能力卓越超群，並通過市場嚴苛的測試、驗證，便是名副其實的高級專家。

■初級專家：從理論到實際學本事

除了學生時代打工，我職涯的第一份工作是 RCA 的初級工程師。但為了學習更深入的專業，先後轉戰三個部門，學習與半導體相關的電路、系統設計技術；下班後我不僅參加 RCA 的在職培訓，更返回母校羅格斯大學選修固態物理學分。

在 RCA 的歷練讓我從研究生蛻變為初級專家，為職涯發展扎下深厚的基礎。我建議社會新鮮人不應毫無方向地找工作，而應根據自己的性向、興趣，主動篩選應徵的企業；若能躋身仍向上發展、前景看好的企業，更應努力加入主流團隊、接觸核心業務、增廣視野見聞，主動培養具競爭力的專業能力。

更重要的是，在此階段，職人應發展自主學習、獨立思考，並從實務經驗中與上司、同事、客戶的討論中，歸納、激發出獨有的解決方案，並要求自己快速融入企業文化、勝任交辦的業務，努力獨立作業，不再倚賴上司、同事的襄助。

■中級專家：從實際到專業找定位

之後，為了學習即將成為半導體產業新動力的 MOS 技術，我轉職至甫成立不久的 Mostek，成為中級工程師。在此，我學會並精通芯片模擬設計（full die simulation）技術；我的專業能力再上層樓，從初級專家成長為中級專家。

在這段時期，職人應致力精研專業知識、技術，養成超越同儕的硬實力；多與企業內最優秀、最頂尖同事互動，少與愛抱怨、愛鬥爭的團體往來，並找尋適當機會運用專業，積極參

與與市場相關的業務，擴大自己在業界的知名度。

■高級專家：從專業到實業求發展

　　熟稔 MOS 技術後我轉職至摩托羅拉半導體部門，學習
DRAM 設計技術；憑藉芯片模擬設計技術找出 16K DRAM 無
法生產的設計錯誤，在企業、產業聲名大噪，並升任高級工程
師，更獲邀與高層共同設計跨時代的新產品——64K DRAM。
於此，我的專業能力已受企業、產業肯定，脫離中級專家階段
成為高級專家。

　　若不想停留在中級專家階段，職人就不能一味埋頭苦幹，
而要抬頭苦幹，亦即強化溝通能力，懂得在適當的時機以能打
動他人的態度、辭彙，行銷自己的觀念、想法、創意，擴大在
產業界的影響力。

▶溝通是專業能力的一環

　　即使專業能力已達高級專家層次，但若表達技巧欠佳，縱
使有精闢的觀念、想法、創意，依然稱不上高級專家。職位越
高越要擅長推銷觀念、想法、創意與產品；想在職場上成功，
從專家跨越經理人的窄門，就得讓企業採納建議，而良好的溝
通技巧正是最佳敲門磚。

　　許多職人雖專業能力卓越超群，但因驕傲自負、身段高且
硬，不肯設身處地為他人著想，與同事、上司、客戶、潛在
客戶等不同對象對話時，寧可滿口專業術語，從頭至尾自說自

話，不願使用對方聽得懂的辭彙，甚至認為是對方的問題。

　　這些職人誤以為，只要專業能力無可取代，升遷之路必當通行無阻；但長久溝通不良，終將失去同事、上司、客戶的信任與尊重，職涯發展將停滯不前。

　　無論在哪家企業，員工縱使有再好的建議，但上司、同事、企業主若聽不懂，很可能就會被否決，再也沒有討論的機會。因此，**職人務必將溝通技巧視為專業能力不可或缺的一環；而且溝通不只是技術，更是藝術！**

找到定位點：
職業生涯的突破口

萬丈高樓平地起，你的地基穩固嗎？

● ● ● ● ● ● ● ● ● ● ● ● ● ●

　　如果你是剛踏入職場的社會新鮮人，在熟悉公司結構、生態後，會不會升起這個疑問：除了當主管的幾個人，以及還在原地奮戰的，其他陸續的離職者現在人在何方？

　　只要在職場歷練數年，縱使無人回答此問題，答案也大概了然於胸。

　　在眾多離職者中，通常被挖角的僅有數人，大多數離職者都是在職場中漂流，在不同企業的低階職務中流動，始終與升遷無緣，直到無法再漂流才勉強安定下來，但雄心壯志早已消磨殆盡了。

　　在這些漂流者中，有些是因為見異思遷、好高騖遠，有些是想成為人上人卻不願吃苦中苦；但有些則是既認真又努力，專業能力也在同儕中出類拔萃，卻遲遲無法出人頭地。他們並非遇不到伯樂，而是在於自我定位不明，找不到職涯的突破口，以致停滯不前。

　　我個人認為職場上行之路應先深後博，在精熟一項專業、

成為專家後，就應以此專業去學整體的運作，以此專業為基點，一步步找到自己的定位，然後以此定位開始朝廣博的方向求發展，此時應積極進行跨部門互動、交流，從合作中學習其他專業，藉此突破職涯瓶頸。

在第二次世界大戰，同盟國得以戰勝納粹德國，決定雙方勝敗的關鍵戰役當屬諾曼第戰役。一九四四年六月六日，以美軍、英軍、加拿大軍為主體的盟軍，超過三百萬人從英格蘭南部出擊，海、空兩路並進橫渡英吉利海峽，搶灘法國諾曼第為人類歷史上規模最大的登陸作戰，其中最慘烈的戰役是在奧馬哈海灘（Omaha Beach），盟軍遭遇德軍頑強抵抗、死傷慘重。但終於一舉成功，打破了希特勒的銅牆鐵壁。

諾曼第戰役猶如同盟國在歐洲戰場的「定位戰」，而奧馬哈海灘成為盟軍的「定位點」，由此盟軍方可長驅直入西歐，逼使納粹軍隊節節敗退就此扭轉戰局。諾曼第戰役後不到一年，德國即宣告無條件投降。

▶如何找到定位點？

從中級工程師到高級工程師，正是我找尋職場定位的時期；為了學習最新的 MOS 技術，我從美國紐澤西州遷居德州達拉斯，從 RCA 轉入 Mostek 負責電路設計，在 Mostek 時參與設計領先全球同業的 8Kx8 NAND ROM 電路設計；當時的上司對我影響甚為深遠，他帶領我一窺電路設計之堂奧、我更主動爭取獨立操作「晶片模擬設計」技術，用學會的晶片模擬

設計開始通盤了解如何整體運作後，我就積極與其他部門交流，深入了解不同部門的立場與關注點，同時學到更多跨部門的專業，從此更厚植人脈，奠定擔任經理人的基礎。因此學會晶片模擬設計技術就成為我職業生涯的定位點。

在跨部門的互動中，若不諳溝通技巧，直接詢問其他部門同仁對產品設計的意見，因非從其立場、關注點出發，輕則遭冷嘲熱諷，重則吃閉門羹，甚至讓彼此關係更加僵化，有時還不如閉口不問。

所以，與測試部門同仁溝通時，我總詢問：「產品應如何設計，才能順利通過測試」、「產品應如何設計正確的測試點」、「產品應如何增加測試點」，對方如獲知音，專業知識和真實意見均傾囊相授。

與生產部門同仁溝通時，我則詢問：「產品應如何設計，生產線不必添增新的設備，又可兼顧快速生產、降低成本？」與品管部門同仁溝通時，我則詢問：「產品應如何設計，可達到最高品質，但流程又不至於太繁複？」與市場部門同仁溝通時，我則詢問：「產品應如何設計，才能激起目標客群的購買欲望，並超越眾競爭對手，並保有合理的利潤？」

經過與其他部門頻繁又密切的互動，我深刻體會到，一位優秀的設計工程師，應在設計產品初期便顧及其他部門的立場、關注點，從中找尋平衡點；若一味師心自用，只顧著埋頭設計產品，等到其他部門有所異議時，勢必糾紛、衝突不斷，不僅有損企業內部團結，更將延宕產品推出的時程。

▶從定位點朝目標前進

在職場初期，職人應先深入鑽研某特殊領域的專業，等到專業能力達中級專家、高級專家階段，雖仍應繼續強化專業能力，並繼續獨立思考的操練，亦應騰挪出部分時間、精神，學習其他跨部門的專業，讓自己的視野、能力更為廣博，將更有機會跨越經理人的門檻。

那麼，職人如何找尋職涯的自我定位呢？根據我的經驗，可在所服務的企業內，申請轉調自己感興趣、可發揮所長的單位，方可不斷深化專業能力；因為一直待在已索然無味的單位，縱使百般努力，依舊會茫然無所適從的。

在選擇單位前，應先深入了解各個單位的特性，千萬不可勉強。大多數電子、通訊企業的組織建制約可分為三大部門，依次為設計、市場、金融部門；而我選擇了設計部門，也在其中找到了自己的定位點。

設計部門主力業務為產品設計，要求員工精細、重紀律，但唯有兼具美感、藝術涵養者，方能出類拔萃。市場部門主力業務為銷售，一切以業務為導向，但行銷不可一成不變，必須因時因地制宜，不僅得有過人的想像力，發想出具體、可行的方案，並須堅毅卓絕地徹底執行。至於金融部門，主力業務為財務；財務要求數字精確，要求員工規行矩步，不可有絲毫錯誤、疏漏。

而在精研某特殊領域專業後，應儘速獨力完成一項與市場相關、且對企業有巨大貢獻的業務，藉此建立個人在企業、產

業的聲譽，擴大知名度和影響力，並以此平台結合更多人力、資源，完成更大規模、更高層次的業務，如此方完成在職場上的定位。

　　在尋找定位的過程中，唯有與其他部門優秀同事多交流互動，向他們學習其他專業與經驗，並藉由與他們並肩作戰，才能深入認識產品從發想、設計到行銷、利潤計算等整體流程，並獲得眾部門的信賴，讓專業能由深至博；而且須在市場上獲得成功後，才算真的找到自己在職場上的定位點。確認定位後，職涯必將就此邁向康莊大道，朝中、長期目標快速邁進。

做好產品，是一生的工作

好的產品能與人共舞，是有生命的。

● ● ● ● ● ● ● ● ● ● ● ● ● ● ●

縱使具備專業能力、且找到職場的定位，但若缺乏清晰的「產品觀念」，最後還是終將功虧一簣。因為，產品觀念是指員工熟稔所服務企業、部門的產品，並時時念茲在茲，不可有片刻或忘；看似輕而易舉，但卻知易行難。

產品問世的目的不外乎滿足人類四大需求：身體的需求、情感的需求、知識的需求，與信仰的需求。每一家企業皆有產品，有些生產終端產品，有些專攻中游零組件，有些買賣上游原物料，有些則提供諮詢、顧問、運輸、聯繫等服務；產品乃企業的生命線，掌握企業的命脈。

若依照產品的特性，約可將企業分為兩大類：產品型企業、服務型企業。產品型企業指研發、生產、銷售實體產品的企業，如英特爾、微軟、蘋果等；服務型企業如電信公司、網路公司與航空公司等，其產品為整合產品型企業的產品，加上自己的專長使其成為不同形態的服務。

▶成功者的共通點

在二十世紀之前，人類文明史約可分為史前時代、農業時代、工業時代，每一新階段的出現皆有賴新工具、新武器的發明；新工具、新武器就是產品，深遠地影響人類政治、經濟、科技、文化的走向。

在電腦與各式通訊產品發明後，人類文明從工業時代步入了「資訊時代」；而在可見的將來，人腦網、人工智慧已拉開意識革命的序幕，將帶領人類邁向新的文明階段——「人智時代」（mind civilization）。

在史前時代人類拚命**求生存**，發明的工具為石器、銅鐵器等，最重要資產為「智力」。在農業時代人類努力**求溫飽**，發明的工具為耕具，同時馴服家畜、家禽，最重要的資產是「土地」。在工業時代，人類進一步**求富足**，發明的工具為引擎，並架構「實體公路」，最重要的資產是「資金」，並啟動了市場化。**到了資訊時代，人類積極追求知識，發明的工具為電腦、通訊設備，並建立「資訊公路」，最重要的資產是「知識」，人類進入全球化。進入人智時代後人腦亦將數位化，人類要懂得處虛擬並構建「人腦公路」，人類最重要的資產則是「良知」。**

總結數十年的職場經驗，我發現諸多成功者的職涯共通點，皆是先進入產業裡領導潮流的企業，並躋身其主力部門，緊盯產業可能的最新趨勢、競爭態勢，淬煉過人的產品觀念，並深刻認知到唯有提升產品品質，才能強化企業競爭力，致力打造業界最高品質的產品。

　　近年來，隨著時代結構、企業改變，客戶、產品皆須重新
定義。在今日，客戶的需求不再只是下訂單、買產品，更需有
人為他解決問題；而產品的範疇也更為寬廣，包括為客戶的問
題提出解決方案。

　　因此，目標客戶（target customer）約可分為三大類：

1. 有瓶頸問題者

2. 對產品情有獨鍾，願意傾全力引薦其他使用者

3. 潛能深受產品激發，且榮譽與共、不離不棄者

　　「領先產品」（leading product）的定義則可改寫為：精確
預測客戶持久性、關鍵性、常態性的瓶頸問題，並提供解決方
案；甚至在客戶警覺瓶頸問題存在時，已領先其他競爭者預先
準備解決方案，建立彼此戰略夥伴關係，不斷帶領客戶前進。
最成功的領先產品，當是一系列、可組合的產品，可在不同階
段，提供目標客戶猶如及時雨的解決方案。

　　「產品價格」決定於其對客戶的價值，非領先性產品因有
競爭者，其價格由市場決定，如航空公司的機票價格；領先性
產品因無競爭者，生產此產品的企業壟斷市場，價格由自己決
定——如蘋果的 iPhone——大多數客戶仍乖乖買單。

▶超越使用者期待的產品

　　一家企業若擁有越多領先產品，便能吸引越多目標客戶，

業績、規模便可蒸蒸日上；而每項領先產品必定具備超越競爭對手的獨步絕活。獨步絕活不僅源自於技術創新、設計創新，更蘊含著對客戶的深刻認識、了解，與體貼入微的用心。

若說一般產品是滿足人類的需求，領先性產品則是超越使用者的期待。例如，手機內建相機、攝影相關零組件與軟體後，使用者可隨時隨地照相、攝影，不必再添購昂貴、笨重的器材，許多人更因此激發潛能，拍攝水準直逼專業人士。

更重要的是，領先性產品總能自我突破、帶領時代潮流，不被時代潮流所淘汰；例如英特爾的 Pentium 處理器、蘋果的 iPhone 手機、微軟的 Windows 軟體，皆不斷推陳出新，下一代產品功能皆比上一代產品更強大，而能自我取代**延續產品的生命**，迄今仍讓同業等不到追趕的機會。

若無創新，便無領先性產品；無論原創型創新或微創型創新，都可能創造劃時代的產品；企業、職人不必強求原創，因為微創威力有時還強過原創。

原創是從無到有、從零到一，多為科技理論、技術的創新，例如英特爾研發微處理器、微軟研發文書處理軟體，皆為原創型的創新。

微創則為從有到優，是從一到二、三、四到 N，如商業模式的創新；租車公司、航空公司、電信公司、網路公司所推出的新服務，皆屬商業模式創新，是為微創。

蘋果堪稱全球最精通微創的企業，無線通信、網路、手機、筆記型電腦、平板電腦皆非其原創，但蘋果產品能完美結合成為使用者不可或缺的工具而後來居上，市占率躍居全球首

位；其推出的 App store、iTunes、iPhone 更實現了**雲端落地的新紀元**。

▶工作是為企業解決問題

進一步延伸探討職人的工作心態，無論任何職缺都可以說是為企業解決產品問題；舉凡產品研發、產品設計、產品生產、產品品管、產品行銷、售後服務，皆是解決產品問題不可或缺的一環。生產好的產品，正是職人終其職涯的使命。

東方企業與西方企業差異頗多，面試風格亦大不相同。西方企業參與面試的主管，常會問求職者：「你可知道本公司現面臨哪些問題？」、「你進入公司後可協助解決哪些問題？」能為企業解決問題的求職者將立刻獲得重用。

唯有加入企業與主力產品相關的團隊，才能接觸到核心業務、學習到核心專長，對企業、產業有整體的認識，並吸收較全面性的知識、訊息，才能在職場上出人頭地！我的職涯歷經工程師、經理人、總經理、總裁、創業家、社會貢獻者等階段，在每一階段竭力做好「設計」（design）、「塑造」（bulid）、「學習」（learn）三件事，這三件事與產品皆有直接或間接的相關。

即使你的工作不是銷售，
也要懂銷售

真正的銷售，從客戶拒絕買你的產品時開始；真
正的說服，從別人抗拒你的想法時開始。

● ● ● ● ● ● ● ● ● ● ● ● ● ●

在職場上，業務職的門檻較低，只要肯兢兢業業，若非遭
遇產業荒年，其平均收入皆超過多數職缺，更是晉升中、高階
主管的較佳管道；然而，多數社會新鮮人、轉職者卻視從事業
務如畏途，寧可從事其他低薪的職缺，甚至賦閒在家，也不願
嘗試業務職。

其實，無論任何企業，職位越高 —— 即使是非業務單
位 —— 與業務的關聯便越密切。即使能做出好產品，卻不諳行
銷，升遷之路仍將狹窄，職涯天花板也將越低；**行銷不限於銷
售產品、服務，亦包括說服他人接受自己的觀念、想法、創
意。**

說服力、影響力越強，在企業的重要性越大，升遷機率便
越高。畢竟，產品品質再好，亦非毫無缺點，若要在市場上超
越競爭者，就得倚賴強力、合宜、吸引消費者的行銷策略；蘋
果產品稱霸全球手機、平板電腦市場，其縝密的行銷網絡、獨

樹一幟的行銷策略，功不可沒。賈伯斯生前主持的蘋果產品發表會，更被譽為行銷的典範。

▶大多數企業的最大難題

據統計，超過百分之六十的企業最困擾的問題是「不知如何行銷產品」。在大陸，諸多「海歸派」創業失敗，失敗的主因並非產品品質欠佳，而在於忽視行銷或完全不懂行銷；且產品在市場失利時，不是檢討商業模式、行銷策略，反倒接二連三推出新產品，結果讓公司陷入更深的泥淖、無法自拔。

下面是一則發人省思的故事：有兩位兜售報紙的報童，因其行銷策略迥異，結果亦天差地遠。

有位報童沿街叫賣報紙，一天下來僅能賣出幾份報紙；十年之後，他的工作時間越來越長但收入卻越來越少，生活困苦。

因為，馬路上的每一位行人雖然都是潛在客戶，但卻鮮少是忠實客戶，多數客戶只買一次就不再光顧，銷售成績高低得視當日運氣好壞而定。

另一個報童從不沿街叫賣，只到人群聚集的公園找尋幾個固定有人下棋、運動的地點；他先將報紙送給下棋、運動的人群，並爽朗地說：「報紙可先看，一會兒我再來收錢。」久而久之，在這幾個地點，他的忠實客戶越來越多，而且互動越來越密切，不久後他銷售的貨品不再僅限於報紙，品項逐年增

加；十年後，他已是一家公司的負責人，聘僱多位員工，過著
幸福、富裕的日子。

發掘一位新客戶的成本約為維持老客戶的五倍。兩個報童
起初販售相同的商品，前者認定所有行人都是潛在客戶，但與
客戶皆萍水相逢，無法建立信賴關係；後者卻主攻目標客戶，
再讓目標客戶進階為忠實客戶，隨著忠實客戶引薦新的目標客
戶，收入亦跟著水漲船高，工作時間雖較短，業績卻遠遠超過
前者。

▶建立專家地位，客戶自動上門

絕大多數企業主、高階主管，最煩憂的營運環結亦是行
銷。他們最常遭遇的難題約有下列六點：
一、公司產品銷售成績不佳。
二、選擇大客戶，可能遭大幅削價、利潤微薄；選擇小客
戶，則擔憂收不到貨款，血本無歸。
三、行銷團隊業績乏善可陳，卻不斷要求增加人力、資
源、預算，要求降價促銷。
四、即使再怎麼努力，依然無法提升銷售成績，行銷仍是
無法跨越的關卡。
五、昔日的行銷策略不再奏效，卻無法發想新而有效的策
略，且屢戰屢敗。
六、產品維持原價幾無利潤，降價又必定虧損，但漲價又

怕流失客戶。

成功的行銷策略多以專業取勝，職人若想在業界樹立專家的地位與信譽，行銷已非僅僅兜售產品，而是為客戶解決問題，協助客戶邁向成功，讓客戶洞悉自身的優、缺點，與競爭對手的競合態勢，認清短、中、長期的需求，而為客戶創造價值。因此，無須拜託、糾纏客戶，客戶便會自動上門；工作時，更充滿光榮感與成就感。

除了與客戶的採購部門密切互動，更應將觸鬚伸向研發、設計、管理部門，建立更多元、更深廣的關係，以期影響客戶關鍵決策者；永不放棄說服原本拒絕的客戶，而在客戶下單、付款後，依然維持高度服務熱忱，絕不可售後不理。

仰賴旁門左道的人際關係行銷策略，或許數次管用，但卻短多長空，無法持久。

如果與客戶採購部門的合作關係淺薄，且與其他部門幾無互動，一旦競爭者發動價格戰，合作關係登時動搖；即使私下送再多禮給採購部門，依然無法動搖關鍵決策者的意志。

企業高階主管如總經理，應定期親自拜訪客戶的決策者，並進行簡報。在簡報中，稱職的高階主管應為客戶關鍵決策者分析市場生態、動態，陳述彼此短、中、長期合作的可能性；當與客戶決策者對談時，內容應以策略為主體，儘量不涉入訂單、產品價格等細節。

▶ 新 4P 增加客戶黏著度

　　如何增加目標客戶的黏著度（stickiness）呢？昔日的企管書籍提倡四 P：產品（product）、價格（price）、通路（place）、促銷（promotion）；主張唯有兼顧四者方能強化客戶的忠誠度。

　　但我認為，面臨 XQ 時代其已無法因應今日的產業結構和生態，應改為新 4P：一般產品（product）、解決方案（problem solution）、優化流程（process）、戰略同盟（partnership）。其概念分述如下：

　　一、縱使產品品質精良，也只能滿足客戶短期、局部的需求，在廝殺激烈、新品接二連三推出的產業，競爭優勢不超過半年。

　　二、為客戶問題提供量身定製的完整解決方案，可保有半年至一年的競爭優勢。

　　三、優化流程可與客戶內部流程接軌而降低成本、提升效率，競爭優勢可拉長一到兩年。

　　四、若與客戶的關係晉升為戰略夥伴，可幫助客戶去影響他的客戶並獲得新客戶，競爭優勢將超過兩年。

　　雖然在我的職涯中從未專事業務職，但進入職場後不久便深深體會到說服力、影響力的重要性；當我晉升高階主管時，很快就可辨識行銷人員稱職與否，並特別尊敬稱職的行銷人員。

　　在擔任摩托羅拉手機部亞洲總裁時，有次與一位大陸東北經銷商晤談；在此之前行銷經理已告訴我，這位經銷商神色鬱

鬱、眼皮沉重，看似已多日無法好眠，必定遭遇巨大難題。詢問之下，經銷商大吐苦水，直言因諸多手機廠商低價促銷，利潤直線下滑，希望我給他東北省分的獨家經銷權。

當然，獨家經銷權厚此薄彼，斷不可行。這位稱職的行銷經理心念一轉提醒，可授予他兼營摩托羅拉手機維修業務，如此便可彌補手機銷售薄利化的影響。經銷商知道後大喜過望，欣然應允；不但解決了這位經銷商的瓶頸問題，更進一步深化與摩托羅拉的合作關係。

一個稱職的行銷人員，對客戶言行舉止無不觀察入微，並見微知著。但不稱職的行銷人員是爭功諉過、藉口層出不窮：「競爭對手的行銷策略，我早就想過了」、「已進行簡報，但客戶毫無反應」等等。

▶強化說服力的四大元素

無論是行銷產品、觀念、想法或創意，對話、簡報、會議堪稱成敗之關鍵。若要獲得客戶認同、強化說服力，下列四大元素在對話、簡報、會議時，皆不可或缺：

一、共鳴：以個人經歷為例，讓客戶感同身受、認同內容，可與客戶**心對心**。

二、新奇：內容不可八股、毫無新意，唯有創意方可讓客戶聚精會神、深受啟發，與其**腦對腦**。

三、易記：當論及細節時應觸類旁通，且與**內容主軸**環環相扣，讓客戶易懂易記。

四、故事：動人的故事可強化認同者的支持，甚至讓反對者改弦易轍。

喬丹不僅是籃球場上的至尊，更是運動產品的最佳代言人；他為耐吉（Nike）拍攝的廣告片〈失敗〉，堪稱行銷經典，上述的四大要素展現無疑。

在〈失敗〉中，喬丹感性地自述：

在我的職業生涯，投籃不中超過九千次，輸掉的球賽逾三百場；有二十六次我獲得教練信任，負責執行可逆轉勝的最後一擊，但我失手了。在我的人生中，我一而再、再而三的失敗；因此，我才能成功！

強化影響力的重點在先釐清自身的觀念，將支離破碎的細節統整為完整、合邏輯的方案，並嘗試發想新的想法、創意，以求激勵自己和他人。例如，若要海盜水手加速打造船隻，告訴他們「為什麼」及「如何」去做通常無效；唯一管用的方式是引發他們自願去做——告訴他們，出航後可尋獲大批無主的寶藏。

美國雖仍有種族衝突，但相較數十年前的劍拔弩張，現今已和緩許多，其當歸功於馬丁・金恩（Martin Luther King, Jr.）帶領的平權運動。他極具說服力、渲染力，他最知名的演講〈我有個夢〉（I have a dream），不僅號召數以萬計的非裔族群參與，也感動諸多歐裔族群挺身支持，終於推倒種族隔離的藩籬，堪稱改變反對者思維的極致展現。

解決衝突與談判：
如何達成共識？

> 談判是一門藝術，在化敵為友的過程中消滅了敵
> 人。

●●●●●●●●●●●●●●●●

東方社會強調與人為善，崇尚「忍一時風平浪靜、退一步海闊天空」哲學，但一味閃躲衝突，有時反而容易讓人得寸進尺，欲求風平浪靜、海闊天空而不得。所以，無論在生活、職場解決衝突的最佳方式，並非一再退讓或硬碰硬，而是藉著溝通與談判來處理。

在職場上，與他人衝突、意見相左是稀鬆平常的，不必心煩氣躁或自認倒楣；衝突並不一定是壞事，端看談判結果。透過衝突、談判，不僅可讓真相越辯越明，亦可讓衝突的雙方有機會誠實對己對人，吐露內心真實的聲音，進而達成共識。

▶建設性的處理衝突

衝突本身是中性的，談判的結果要麼是「消弭衝突」或者是「兩敗俱傷」。因此，個人與企業都應學習以正面、建設性

的談判方式處理衝突，而不是非分出勝負不可。

　　每位經理人幾乎都得參與大大小小的談判，倘若不諳談判技巧，縱使有傲人的專業和綜合能力，領導力勢必也因談判能力而有了陰影。正面的談判是指彼此反覆溝通、協調，努力捍衛共同利益，並嘗試達成共識。職人無須聞談判而色變，因為每個人都得與他人溝通，並非所有的談判都劍拔弩張、針鋒相對，也可能結果是如沐春風、誤會冰釋，且有相談恨晚之感。

　　在學習談判技巧前，可先回顧在工作崗位上得和哪些人溝通，得花多少時間溝通，與誰相談甚歡，與誰話不投機；並整理重要的幾個決定，有哪些是自己完全可以決定的，哪些決定必須與他人商議、共謀，在商議共謀的談判過程中，是否曾因利益分配不均導致雙方關係緊張，因而產生長期負面的影響。

　　鮮有一項決策或合約誕生前，毫無胎動、陣痛；解決爭議的最佳方式當是公開坦誠溝通，其他私下舉措皆不宜。談判不僅是決策、訂定合約的必經流程，更是職人強化領導力的必修課程；在企業組織日益扁平化的今日，跨部門、跨企業的溝通與談判越發頻繁，幾乎沒有任何職人可閃躲。

　　美國南北戰爭時期，領導北方的總統林肯有次在白宮發表演講，以同情的口吻提到南方，一位聽眾起身問道：「總統先生，你為何還為敵人說好話；你應該想的是如何消滅他們。」林肯略微停頓，回覆道：「女士，將敵人變成朋友時，就已消滅他們了！」

　　檢視我職涯經歷過的諸多談判，發現在談判過程中最大的障礙常常是自己。在談判不順利或居於劣勢時，若無法妥善管

理情緒，很可能被暴漲的情緒阻斷理性思考，甚至語出不遜，輕則讓局勢更加紊亂、添增談判的困難度，重則讓談判就此破局。

　　一言可興邦，一言亦可喪邦；在談判時應更加謹言慎行，目標應如林肯所言「將敵人變成朋友」。XQ 較低者常因忿怒、懊惱、恐懼不假思索地口不擇言，造成無可挽回的遺憾；因此，當負面情緒快速湧現時，建議藉故暫離現場緩和心情和壓力，如無法脫身，也應適時游移精神及思緒至其他事，讓情緒降溫。

　　同理，收到一封令人不愉快的電子信，不應在盛怒當頭即時回信，縱使已將回信寫好也該先存入草稿匣；與同事閒聊或散步一會之後，再審視及修改回信。

▶談判時可應用四大技巧

　　如何鍛鍊談判技巧呢？歸納談判技巧，不離下列四者：

　　一、將人與事分離：對人溫和、對事嚴謹，但談判時應專注於人，因為主談者是人。

　　二、突破預設立場、直指利益：與其將時間浪費在枝微末節，不如專注在彼此共同的利益，探索雙方的潛在需求。

　　三、利益導向、創意方案：提出具創意的解決方案，兼顧雙方的利益和需求。

　　四、過程公平、公正、公開：以坦然無私的態度，解決最棘手的環節，避免橫生枝節。

　　許多人在談判時，最常犯的錯誤，莫過於對人對事都溫和，或對人對事都嚴謹，無法掌握人事分離的分寸。若談判對象是朋友、重要客戶，顧忌彼此的交情關係，便是對人對事皆溫和，最後總因人情壓力而無奈妥協，未蒙談判之利反受其害。

　　若與談判對象無公交私誼，或對談判之事頗為看重，便容易對人對事都嚴謹；於是，常因態度過於強硬無法轉圜，導致談判陷於僵局，付出可觀的時間成本。其實，越至關緊要的談判，更需對人溫和，方可能讓結局順利圓滿。

　　一個成功的談判者，可在自己腦海中劃定一條清晰的界線，將人事明確分離。對人溫和旨在保有對人的尊重，對事嚴謹目的在不誤事；關鍵在專心傾聽，並設身處地為對方著想，並試圖影響、改變對方的想法。如此，才可將談判的雙方，從面對面衝突轉化為肩並肩作戰，共同克服障礙與困難。

　　假使雙方皆預設立場，眼中只有自身的利益，不斷要求對方讓利犧牲；倘若自始至終雙方態度皆未軟化，最理想的結果約僅能達到原先期望值的一半，最糟的談判結果則是結盟未成反添仇家，這時還不如不談。

　　縮短談判時間別無捷徑，重點在挖掘出雙方隱藏在預設立場後的利益需求。當談判陷入僵局，雙方都應突破預設立場直指利益，不再私下盤算揣度，轉而公開協商，才有機會相互妥協達成雙贏。

▶談判前先嘗試將餅做大

　　在擔任摩托羅拉技術副總裁時，我曾促成摩托羅拉與一家日本企業進行技術合作；摩托羅拉授權日本企業部分半導體設計專利，日本企業則授權摩托羅拉半導體製程技術。雖然兩家公司高層皆已同意技術合作，但合約談判過程卻是一波三折、跌宕起伏。

　　最大的阻力在於日本企業的技術總監不甘多年心血外流，故百般阻撓處處為難。即便如此，我仍謹守將人與事分離原則；在一次一對一的對話中，我語氣誠摯地告訴技術總監，他的不甘心我感同身受，因為摩托羅拉的資深設計經理亦滿懷怨懟。我如此同理心地認同他的處境，讓技術總監終於釋懷，轉而鼎力襄助。

　　不過，日本企業卻堅持不讓摩托羅拉派員進入生產線，而摩托羅拉為了保護企業機密，亦拒絕日本企業代表接觸設計工具。雙方為此立場僵持不下互不退讓，使談判圍繞著細節打轉，幾無實質進展。

　　經過幾番溝通，兩造皆深刻認知，若不將底線向後撤，勢必事事對立，但合則兩利離則兩傷，唯有突破預設立場直指利益，技術合作方不至淪為空談。最後，雙方發想出頗富創意的解決方案，彼此皆列出需求清單，依其重要性順序排列，並估算其價值。

　　以清單為最終談判基石，彼此同意等值交換，並在雙方的清單上劃條線；線之前的項目彼此交換授權，線之後的項目就

此閉口不談；且雙方自行承擔派員學習技術的相關開銷，並支應對方指導人員的費用。達成共識後由律師起草契約，並經雙方高層簽字，談判方才告一段落。

在發想解決方案時，雙方應將共同利益視作一塊餅乾，談判時別急著瓜分，先嘗試因著各自能力的提升「將餅做大」，至於最終各自在市場上得到的實際價值，則以公正、公平、公開的原則下自由競爭，並將潛伏的爭議降至最低。

只是，談判既是腦力戰亦是心理戰，不可有絲毫鬆懈；否則失之毫釐差之千里。與日本企業開會時，其代表從來不先開口，發言時彷彿惜字如金；但摩托羅拉代表多是美國人，習慣開門見山，將要求條件和盤托出，日本企業代表卻總笑而不答。其實，他們早已進行好幾回合的沙盤演練，緘默戰術只為套出更多訊息。

日本企業代表個個精通英文，兩造會議全程皆以英文對話，開會中摩托羅拉代表之間的討論日本企業代表無不聽在耳裡；但日本企業代表之間的對話卻一律使用日文，摩托羅拉代表對內容毫無所悉。

若會議地點在日本，在會議之前日本企業代表總先詢問摩托羅拉代表返美時程。在會議前幾日，日本企業代表幾乎只聽不說；隨著摩托羅拉代表歸鄉之日逼近，日本企業代表深知其不願空手而回，態度轉趨積極而強硬，施壓摩托羅拉代表接受較為不利的條件。

▶簽約了，但談判尚未結束！

　　當我察覺日本企業的談判策略，在摩托羅拉代表中特別安插一位嫻熟日文的美國人，並嚴禁所有代表先行發言，只能回答對方的問題；若會議在日本舉辦，暫不訂回程機票。摩托羅拉同仁採緘默戰術迫使日本企業代表開口；中途休息時，懂日文的同仁再轉述日本企業代表的對話，獲得諸多寶貴的資訊。

　　幾經折衝，雙方終於簽約。但我特別提醒，談判是否成功，不能單看雙方所簽訂的合約及協議，更要檢視執行的具體成效；在執行過程中一樣得小心翼翼、戰戰兢兢，精細地注意每個細節。

　　當摩托羅拉、日本企業相互派員進行技術交流後，有一天，我直到深夜才離開辦公室，回家途中經過一間燈火通明的會議室，且不時傳出日文對話。開門一看，發現日本企業派遣至摩托羅拉的工程師、經理人，利用晚上相互交流，學習白天所學到的知識、技術，並將其彙編成冊。

　　反觀摩托羅拉派至日本企業的工程師、經理人，不僅學習態度懶散消極，更各自為政；日本企業還安排諸多旅遊行程，令他們心有旁鶩。此後，我規定前往日本企業進行技術交流的摩托羅拉員工，返回美國時務必帶回指標性的技術，簡報前應彼此進行歸納、整合，情況才有所改善。

　　在我的職涯中，另一次重要談判經驗為擔任摩托羅拉手機部亞洲總裁時，與中國郵電部談判合資公司的股權比例。郵電部強勢表態，要求取得合資公司百分之五十一的股權，但摩托

羅拉成立合資公司的既定政策亦是掌握控股權，從無例外。兩造主張相牴觸，遂展開談判。

　　成立合資公司，中國郵電部旨在取得摩托羅拉的手機技術，摩托羅拉的初衷則是進軍大陸市場。因此，在談判膠著時我提出摩托羅拉允許合資公司成立研發部門，在摩托羅拉移殖到合資公司的原創產品中，進行有中國電信市場特色的微創；且在市場上，摩托羅拉與合資公司自由、公平競爭。此提議滿足了中國郵電部能自主研發之期望，於是同意各自讓步，摩托羅拉順利拿下控股權。

　　談判最理想的結果當是雙贏，而非一方大佔便宜另一方卻嚴重失血；在談判前，更得試想談判一旦破局，或部分事項相互拮抗、毫無交集時，可否有其他替代方案。備妥替代方案後談判時便無後顧之憂、不必委曲求全；畢竟，談判若委曲求全，最後恐將有求全之毀，破局反倒是脫險之道。

如何不被機器人取代？

> 機器人工作效率驚人，天天都可連續工作 24 小時，不必聊天、休息，也無須酬勞；它們不會受傷，不用保險、分紅，也不會抗爭。然而，機器人會吃東西——吃掉許多人的工作。

● ● ● ● ● ● ● ● ● ● ● ● ● ●

對許多製造業的企業主而言，使用機器人生產產品的無人工廠，是最終極的夢想。雖然早在一甲子前，美國福特汽車便已在克里夫蘭市打造全自動生產的工廠，但由於機器人精密度尚待提升，遲遲未能普及。

在此特別澄清，並非人形的全自動機械設備方可稱為機器人。機器人的狹義定義，是指可模擬人類動作的機電裝置，如機器手、工具機等；若推而廣之，任何使用人工智慧的機電裝置，如電腦、監視器等，都可視為某種形態的機器人。

近年來，由於機電整合技術大幅躍進，加上世界各國工資飛漲——新興國家的工資漲幅尤為驚人——越來越多製造業採用自動生產設備。在可見的未來，機器人勢必將取代勞工，成為製造業的主力，衍生嚴重的失業問題。

▶後資訊時代已經到來

　　已有若干國際大廠著手研發全自動駕駛車輛、快遞專用的小型無人機；倘若各國相關法令開放，勢必全面衝擊運輸業、物流業就業市場。甚至已有餐廳等服務業，採用全自動點餐系統，根本無須服務生；可想而知，服務業的人力需求日後也將銳減。

　　之前曾提到，人類歷史約可分為史前時代、農業時代、工業時代、資訊時代等階段，前進速度越來越快；但在我看來，資訊時代也已結束，人類歷史已正式進入後資訊時代。資訊時代約始於一九六五年，資訊產品成為全球經濟的火車頭並帶出全球化，此時電腦與通信（computer & communication）科技產品已日益普及；但到了二〇一〇年，已由後資訊時代取而代之。

　　數十年來，全球資訊科技（information technology）技術呈指數成長，可用下列三個定律涵蓋、說明：

　　一、**摩爾定律（Moore's Law）**：晶片資料處理速度（speed），每隔十八個月皆倍增成長。

　　二、**吉爾德定律（Gilder's Law）**：整體通信系統的頻寬（bandwidth），每十二個月增加三倍。

　　三、**梅特卡夫定律（Metcalfe's law）**：網路的價值與連接到網路點（nodes）數目的平方成正比，意謂使用者越多，其價值成指數成長。

　　因此，根據摩爾定律、吉爾德定律，硬體元件的計算速

度、傳播速度，十五年約成長一千倍，四十五年約成長十億
倍。然而，資訊裝置的體積、成本卻大幅縮減，成為諸多新科
技的推動者。

當下，一台智慧型手機的計算速度，約與麻省理工學院四
十年前建造的超級電腦相當，不僅體積小得多，成本更遠為低
廉。拜資訊科技硬體技術飛速躍進之賜，軟體技術也隨之日新
月異，許多昔日難以或成本高居不下的數位化事物，皆已成功
數位化，得以快速被計算、複製、儲存與傳輸。

除了資訊產業，其他產業如金融業、服務業、娛樂業、運
輸業，皆已廣泛運用資訊科技。不過，資訊科技產品的主流趨
勢，在積層製造（3D 列印）技術日趨成熟後，勢必將從大量
製造步入大量客製化生產。

在資訊科技硬體、軟體技術雙雙成熟後，其系統應用則日
益深廣。近年來，應用程式（app）、物聯網、大數據、人工智
慧、奈米等資訊科技的推動下，原本進步緩慢的生物科技、生
態科技、能源系統、太空科技、軍事技術也開始不斷突破，
不但創造巨大的商機，更徹底改變全球的產業、社會結構，加
快全球化、擴大貧富差距，越來越多人過著由機器所主導的生
活。

▶發揮你的右腦

在後資訊時代，幾乎所有產業都可視為資訊科技產業的一
環，其產業結構由下到上約可分為三層，分別簡述如下：

一、資訊科技躍進：以硬體為核心，其以成本為導向。

二、持續擴大數位化範疇：以軟體為核心，依然以成本為導向。

三、系統創新：以應用為核心，以創意為導向。

資訊科技是全球化加速的最大動力，全球化導致諸多產業進行全球水平分工。資訊科技產業為了壓低生產成本，軟體、硬體的生產基地先從歐美國家移至台灣、香港、韓國、新加坡，再移往大陸；近幾年又遷至東南亞國家。最終，在機器人精密度超越勞工後，資訊科技產業勢必走向無人工廠，節省可觀的人力成本。

資訊科技產業的軟體、硬體在摩爾定律及吉爾德定律的持續引領下，雖仍呈指數成長，但因技術相對成熟，從業人員亦眾，產業結構日趨穩定。企業之間的主戰場在於如何透過壓低成本以增加獲利率；大量採用機器人後，將導致若干中、低階職缺消失，就業市場持續供過於求，貧富差距越來越驚人，中產階級人數逐年遞減，失業人口居高不下。

在 XQ 時代，與資訊科技產業的軟體、硬體從業人員相比，懂得創新、發明的人甚寡，其財富累積速度史所未見。一如 Google 不斷收購多家新創公司，收購價格皆為天價；部分公司員工僅有十多人，成立亦僅半年多，被購併後股東立即由麻雀變鳳凰，成為人人豔羨的億萬富翁。

因此，年輕人必須做好種種準備，才能在後資訊時代中立足。今日，失業者找到新工作的平均時間已逐年拉長；失業時間一久，許多人便完全喪失鬥志，自暴自棄、隨波逐流，就此

永久失業。

　　網路發明之後，對人類的影響越來越深遠，隨著桌上型電腦、筆記型電腦、智慧型手機、穿戴型裝置相繼問世後，由機器引入的互聯網將從桌上、背包、雙手、身體——最終將有若干互聯網電子裝置植入人類身體內；從某個角度觀之，人類也將變成機器人。

　　人工智慧、機器人對就業市場的影響，已逐漸湧現；例如，諸多金融業務已開放客戶在網路上操作，包括轉帳、定存、買賣股票等，導致金融產業櫃檯人員逐年遞減。可確定的是，被網路、機器人取代的工作機會，人類再也無法奪回。

　　那麼，哪些工作容易被人工智慧、機器人所取代呢？舉凡常規化、系統化與邏輯化等線性思考的工作，其業務都可被數位化，將一一被網路、機器人攻佔；例如技術員、會計師、行政人員、程式設計師等，皆前景堪憂。

　　別以為軟體程式一定由人設計，越來越多軟體程式由軟體程式寫出。也別以為後資訊時代到來後，僅有中、低階職缺或藍領工作才會遭人工智慧、機器人威脅；當今期貨交易、媒合，早已交由軟體程式執行，其速度與效率，無人可望其項背。

　　相對的，難以常規化、系統化、邏輯化的工作——採用非線性思考——必須不斷創新、發明或持續與人互動，包括各領域的設計師、心理諮商師、人文藝術工作者，與管理人的中、高階主管職等，不懂創新、不諳情感的機器人尚不具威脅。因人類情感複雜多變，此類工作業務難以數位化，未來最值得投入。

　　也就是說，**在後資訊時代，若想不被機器人取代，就不能完全倚賴左腦思考，而應學會左、右腦交替思考**。因為左腦是知識腦，多為線性、收斂式思考，習慣順應趨勢、安於現狀、專注當下，較為理性、冷靜；這正是機器人運作的模式，縱使最聰明的人類，思考速度亦遠不及機器人。

　　但右腦則是創新腦，採非線性、離散式思考，注重想像、直覺，且充滿熱情，願意脫離現狀、逆趨勢而行；當下最先進的機器人依然無法創新，更不知熱情為何物。在後資訊時代，人類應發揮人類特有的靈性，截長補短、爭取無法取代的優勢和發展機會。

▶如何成為變局中的贏家

　　機器人時代到來，已是不可逆的時代趨勢；絕大部分的勞力工作與使用左腦的工作，都將逐漸為機器人所取代。只是，不必過度杞人憂天，雖然有大量的工作機會消失，卻會湧現許多新的工作機會；這些工作機會皆仰賴右腦的創新、創意，在可見的未來尚不受機器人狂潮影響，最值得青年世代投身。

　　其實，機器搶奪人類工作機會，並非自今日起。在一八〇〇年時，美國總人口約有六成務農，但隨著各種機具的發明，到了二十一世紀，從農人口已不到百分之七，且仍逐年遞減；世界各國的農業發展史，莫不如此。

　　唯有強化右腦思考，並練就獨立思考的本事，才不會被機器人所取代。近年來，微軟、Google 等美國科技巨擘的執行

長，皆由印度裔美國人出任；而在美國科技業，出任高階經理人的印度裔美國人明顯多於華裔美國人，關鍵便在於前者更懂得獨立思考。

曾有印度裔科技業高階主管告訴我，印度考試並無是非題、選擇題，只有申論題；因為毫無碰運氣的機會，學生讀書務求追根究柢，更得博覽群書、認真思考、勤練文筆，方有機會出類拔萃。於是，在競爭激烈的科技業，印度裔員工不僅較具創意，較懂得隨機應變（XQ），相對成長於填鴨教育體系的華裔同儕，更易獲得拔擢。

人類與機器人的差異，除了創新、熱情，還有信念、同理心；一般認為，女性的同理心普遍高於男性。同樣在美國，越來越多企業啟用女性執行長，如 IBM、通用汽車（General Motors）等，證明其越來越重視同理心；若將同理心運用於企業經營，將可準確預知客戶的需求，並適時提供協助，其競爭力自當超越對手。

因此，面對機器人浪潮來襲，也應強化信念、同理心，努力練習管理情緒、控制心念，更有助於衝破職場逆境，才能成為職場變局中的贏家。

創業：工作的最終挑戰

創新不一定要創業，但創業一定要創新。

● ● ● ● ● ● ● ● ● ● ● ● ● ●

　　今日職場低薪當道、貧富差距日益擴大，加上網路技術突飛猛進，大幅降低創業門檻，創業風氣遠勝往昔。不過，創業遠比就業困難、艱巨，就業可雙耳不聞窗外事，只須專注於交辦的業務，但創業卻得兼顧研發、管理、行銷、會計、法務等事務，難得有片刻鬆懈。

　　如果創業前未做足準備，成功機率是微乎其微，但即使做足準備也不見得會成功；根據統計，約有八成的新創公司在創業第一年即解體，到了第五年存活下來的企業又有八成會倒閉，可撐到第十年者約僅千分之八；而且存活下來的企業不見得都營運穩健。

　　企業家一詞，為法國經濟學家 J. B. 薩伊（Jean-Baptiste Say）在一八○○年提出，指「將經濟資源從生產力較低領域，轉移至較高領域者」，故在創業之前，理應先認識企業的定義、歷史，與企業家的應為與當為，分辨輕重緩急。企業的組成元素，包括資金、技術、土地、員工等，更重要的是，必

須有一位深具創意的主事者。

▶要有特色是創業成功關鍵

大多數人談創業成功的關鍵，無不將重點放在資金、技術、行銷上；但我卻認為，創業前必須想清楚「企業存在的價值」絕對需要的。畢竟，全球企業多如繁星，多一家企業不多，少一家企業不少，唯有可為人類持續創造價值的企業，方能長期存活；若只憑一個好的想法起家的企業，或可風光一時，但終究無法長久。

創新不一定要創業，受薪階級也可在服務的企業中創新，但創業一定得創新；因為，一間沒有特色的企業，無法為客戶、員工、供應商、投資者增進福祉，並無永續經營的基礎，終將消失。然而，企業價值高低的指標自是利潤，若符合企業倫理，利潤越高的企業越有價值。

創業者應懷抱利己之心從事利他之行，正確動機應是完成夢想、貢獻社會，而非僅為了個人的致富，財富、地位、聲望都只是創業的副產品；不正確的動機則是一味追求成功，無視企業倫理，行事急功近利、不擇手段，甚至鋌而走險、違法亂紀，最後終將自食惡果。

知名高階經理人及創業家李開復，曾在〈給熱血創業青年的八桶冷水〉一文中，對有意創業者提出八點忠告，試簡述如下：

一、創業比就業更辛苦，非但沒有薪水，可能還得自掏腰

包四處借貸；且若干年後，所創企業可能風光不再甚至倒閉，成功機率僅有數萬分之一。

二、許多年輕人嚮往創業，但又害怕失敗。真正的創業家不懼任何風險，更不會猶豫退縮，即使父母、家人、親友勸阻，依然勇往直前。

三、適合創業的人熱愛使用新產品、享用新服務，且是新產品、新服務的最佳品質檢驗員，與品質改進的諮詢顧問。

四、沒有任何課堂可教人創業。學習創業的最佳方式就是加入一家新創企業；新創企業規模越小，反而可學到越多。

五、年輕人常自認職涯面臨兩極化的選擇，若非應聘於大企業就是創業。其實還有另一個選擇，那就是加入創立不久的新創企業。

六、全世界沒有一個創業家憑藉空想就可成功。因為，有好點子的人滿街都是，決定成敗的關鍵，在於有無迅捷穩健的執行力，與多元的融資管道。

七、在獲得融資之前，創業者通常得獨資或借貸，支付將想法落成為產品、服務的相關費用。畢竟，不會有人出資投資一個只有想法的初次創業者。

八、創業活動、論壇雖值得參與，但應適可而止。部分年輕人熱中參與此類活動，反倒易淪為紙上談兵的覆轍。

▶規畫願景、爭取目標客戶

創業者最常犯的錯誤，就是誤以為可「一網打盡」所有客

戶；實際上，因為客戶形形色色，需求天南地北，常常順了姑情卻逆了嫂意，唯有開發、耕耘目標客戶，才是務實的創業正道。

那麼，創業前應做好哪些準備呢？在創業之前就得先深思熟慮、沙盤推演，草擬一系列的策略、戰略，且須顧及投資者的感受和立場，依性質分述如下：

一、**願景**（vision）：首要之務在於規畫願景，創業者必須先設想目標客戶未來將如何生活、工作、思維，其**核心需求**為何？如何從目標客戶的核心需求中，淬煉出其價值導向，而創業者可提供什麼？願景回答企業為何存在（why exist）的問題。

更精確地說，創業者規畫的願景，必須可回應方方面面關於「為何創業」、「企業何以存活」等問題，且要提供市場上「前所未見」的產品、服務或解決方案，方可提高創業的成功機率。

二、**使命**（mission）：創業者在確立願景後，便得進一步探索企業的**核心價值**為何；內容包括企業要做什麼、如何在目標客戶的價值導向中，搶佔最有利的位置。簡而言之，創業者自我設定的定位和使命，當可回答「企業何去何從」、「企業該做什麼」等問題，以利運用區分原則，行其他企業所未行，強化競爭優勢，使命回答企業要做什麼（what to do）的問題。

三、**策略**（strategy）：找尋到新創企業的定位、使命，創業者應傾注所有人力、資源，發展新創事業的**核心專長**，並遵循區分原則，專注在重要且已擁有優勢的領域上。營運策略

一言以蔽之，當是「如何領先競爭者」（how to compete）、「如何與眾不同」（how to differentiate）、「如何改寫產業遊戲規則」等問題的答案，並透過發展核心專長開創藍海市場，創造壟斷性優勢。

　　四、商業模式（business model）：創業家應以新創企業的核心專長為基礎，打造具競爭力的產品、服務，並建立可長可久的商業模式。商業模式即企業的**收費機制**，新創企業唯有整合研發、生產、行銷、財務等資源，一而再地進行實驗，直到找到最合適的商業模式，營運才算步入軌道。

　　五、產品與服務（product and service）：創業者更要體認到，企業的獲利管道除了產品、服務，還包括為目標客戶提供瓶頸問題的解決方案；商業模式應根據客戶需求進行調整，因為不同客戶需求有異，新創企業應致力研發具代表性的產品、服務、解決方案，並提高其技術含量，方可不斷持續創新，打造穩健獲利的商業模式。

　　六、實驗原則（experiment principle）：若無勇氣，創業終將只是紙上談兵。從來沒有創業者在萬事皆備之後才著手創業的，唯有不斷嘗試、實驗、摸索，從失敗、挫折中領悟生存與苗壯方針；不僅得實驗商業模式，還得無畏地進行研發、生產、行銷、策略、目標客戶、人員調配、業務模式等實驗。

　　當然，在實驗的過程必定有種種反作用力與不確定因素，很少一試即成，但縱使一再失敗亦不可心灰意冷，必須堅定意志投入下一次實驗；未找出最佳模式絕不放棄。

　　諸多創業者的新創產品萬分珍視、極端保密，以為只要埋

頭苦幹，就可「一舉成名天下知」；殊不知如此可能將自陷逆境，甚至就此萬劫不復。因為，創業者雖自認嫻熟目標客戶需求，但實際上可能相差頗大；反倒應抬頭苦幹及早讓目標客戶參與研發，更可能滿足其需求，解決其瓶頸需求可將彼此的關係昇華至不可或缺的戰略夥伴關係，成功機率可望大增。

七、時間原則（time principle）：創業猶如參加馬拉松長跑，而非一百公尺的短跑，比的是持久力而非爆發力。創業者多半心急，希望在最短時間內獲得成功；常高估一年內所能做的事，卻低估十年內所能做的事。根據我的觀察，無論個人、企業，在一年內幾乎無法完成任何大事，但在十年內卻可達成任何目標。

然而，新創企業存活率極低，創業者唯有練就過人的堅持與執著，才能等到撥雲見日的一天。從發想新的想法，並將新想法落實成新產品，再讓新產品在市場上勝出，可能就得數年之功；創業者若是市場先行者，等待是必修學分之一，等到市場的突破點、轉折點出現時，必將是市場的領導者。

等待的過程無比煎熬，約有九成的創業者在市場的突破點、轉折點到來之前便已相繼放棄，等不到開花結果、歡呼收割的那一天。若創業者能等到第一次成功，第二、三次成功可望相繼而至，甚至就此勢不可擋、一飛衝天。

八、無形資產（intangible assets）：創業者更應牢記，創業成功的定義並非累積更多有形資產，而是有形資產、無形資產雙雙躍進。對企業而言，有形資產包括資金、廠房、員工、機器、設備、產品、服務等，無形資產包括技術、訣竅、

獨步、知識、商譽、品牌、業務模式、客戶關係、員工士氣，
與智慧財產權等。

其實，企業的無形資產遠比有形資產更有價值，成功常是
企業主利用有限的有形資產，去創造不斷成長的無形資產；與
有形資產相較，無形資產僅需耗費一次性成本，再生產成本較
低，但投入時間卻可能頗為漫長，其優點在於越用越有價值，
不懼天災人禍、通貨膨脹，且歷久彌新。無形資產是企業真正
價值所在，有形資產僅是工具，千萬不可本末倒置。

諸多創業者將創業與創新混為一談，但兩者本質並不相
同；創業側重營運、管理實驗，創新則著墨於產品、技術的研
發，新創企業兩者皆不可或缺，但罕有創業者有能力、精力、
時間同時兼顧。

新創企業剛成立，若可由創業夥伴分攤創業、創新業務，
將有助於企業站穩腳跟；若因人手不足，創業者必須蠟燭兩頭
燒，等到企業規模略大時，一定得延聘專才專責其中一者，創
業與創新方可並轡而行齊頭並進。

例如，蘋果的賈伯斯和庫克（Tim Cook），Google 的佩
吉（Larry Page）和施密特（Eric Schmidt），微軟的蓋茲（Bill
Gates）與鮑爾默（Steve Ballmer），Facebook 的祖克柏（Mark
Zuckerberg）和桑柏格（Sheryl Sandberg），皆是一人負責產
品、技術的研發，另一人負責營運、管理。

在長期擔任經理人之後，我下定決心創業，在上海創立了
上海毅仁信息科技（E28），成為創業者。創業堪稱我職涯的最
大挑戰，歷經多次失敗最後終於逆轉得勝；此次創業經驗讓我

深刻體悟到，創業成功的關鍵不僅得兼具頂尖的管理、研發能力，新創企業更要在所屬產業中開創出獨特的定位與特色。

更重要的是，在創業之前就得先深思熟慮、沙盤推演一系列的策略、戰略，且須顧及投資者的感受、立場。而在創立E28之前，我便已針對網路時代到來，產業結構與秩序即將重組，明定公司的願景、任務、策略、商業模式，並因應市場的改變而不斷的修正，以供所有同仁遵循。

▶創業趁年輕

並非人人都適合營運、管理，或適合產品、技術研發；在創業過程中，創業夥伴應根據彼此的個性、才幹，分配合宜的職位、業務，各司其職、分工合作。

負責營運、管理者，擔任經理人的角色，其主要工作為執行、掌控企業的日常庶務，責任在把事情做好（do the things right）；行事應力求穩定、連續，致力追求量的改變，但改變應循序漸進，以求增益企業獲利效率。

專事產品、技術研發者，堪稱企業真正的領導者，其主導企業的方向與決策，責任在創造非凡事功，且將正確的事情做對（do the right things right）；行事應力求蛻變、改造，顛覆、推翻既有的產業遊戲規則，並致力追求質的改變，一旦改變成真，其效益當巨大到難以估算。

最後，我誠摯地建議，有志創業者應趁年輕時勇敢尋夢，因為體力充沛、較無家庭包袱，並擁有豐富的創意、想像力，

即使失敗，可很快再奮起。

　　而且，今日的創業環境遠優於昔日，創業者只要發想出確切可行的創意，無論軟體、硬體技術，或會計、財務、行銷業務，一律皆可外包；只要略有成績，立即吸引眾多創投、天使投資者叩門，並引進經驗豐富的團隊，大大加快成功的速度！

徹底執行，讓美夢成真

　　有一件事你想完成，而且擁有願為此焚身的熱誠，全世界都會為你讓開道路的！

●●●●●●●●●●●●●●

　　要想成就一番事業、解決一件難成的任務、學會一樣難學的技能、改除一個不良的習慣，就要專注練習並執行到底。我更想要強調的是，與心有旁鶩的天才相較，專心一致、練習不輟的平凡人，可能更接近成功。

　　邁向成功的關鍵常在於可否創新、發明，創新必先模擬未來，方可在腦中釐清及看清夢想，發明則是將想法執行到底，讓美夢成真。若想讓美夢成真，就得發揮超乎平常的力量，維持正面、肯定、向前的積極思考，用正確的執行力刺激時時處於「關機」狀態的潛能。

　　根據科學研究，一般人僅發揮應有能力的百分之二，甚至更低，其餘百分之九十八甚至更多的能力皆深藏體內（故稱為潛能）；倘若能釋放部分甚至全部潛能，當可心想事成。

　　大多數人無法喚醒潛能，原因無它，在於追求夢想時未能將創意堅持執行到底，而此執行能力可藉著系統性的操練越做

越順手，這就是本章的主題。

▶七步驟邁向成功

　　腦中已成形的想法可否付諸實現，取決於是否執行到底。若要實現遠大的夢想，就得擬訂中、長期計畫，一步又一步累積實力；雖然在過程中因為現實與夢想差距甚遠，圓夢速度可能慢如牛步，情緒勢必大受打擊，此時應儘速回神，不逃避任何麻煩、困難，不畏懼被問題追趕，不閃躲單調、枯燥的庶務，為了前進一分一釐，甘心拚命流汗、堅持不懈。

　　更重要的是，每逢關鍵時刻，依然得保持正面積極的態度，持續積極思考，深信夢想一定會成真，意志不受外在影響而動搖，時時刻刻不敢馬虎；經過長時間的不斷累積，終有一天將爆發出巨大的能量，圓夢速度猶如從爬行變為步行、跑步，最終夢想成真。

　　過於操切、中途心灰意懶或功虧一簣，都是未能執行到底，我建議可參照七個步驟，循序漸進、不慌不忙地向夢想前進。

　　一、簡單原則：自然定律都是簡單而優美的，任何產品從研發到大量生產都要經過一個「複雜事情簡單做」的過程，個人或企業要做大、做久，都要靠簡單原則；所以一個真正成功者必是化繁為簡的高手；簡單原則是通往成功的敲門磚，若想超越群倫就得善用簡單原則，簡化經手的業務、庶務、作法，使其能重複操作。

　　二、集中原則：簡單原則旨在節約時間，集中原則旨在節約精力；兩者並用才能將時間、精力花在刀口上，事半而功倍。集中原則意謂著在找到可能的突破點後應一而再、再而三地重複衝擊；若與同時處理數件事相比，將精力、時間集中於一件事，成功機率更高。

　　許多人與成功絕緣，並非志小才疏或勇氣不足，而是企圖一蹴而及、只願做大事不願做小事、缺乏滴水穿石的耐心和鐵杵磨成繡花針的毅力；殊不知，偉大的成就除了準確預測時代趨勢，更是眾多微不足道小事積累來的，唯有耐煩方可成就不平凡。

　　三、實驗原則：重複衝擊可能的突破點，並非指獨沽一味，將全部希望押在某一策略、屢戰屢敗卻不肯修正調整，而應秉持實驗原則，不斷嘗試新的策略。發明家愛迪生擁有一〇九三項專利，取得每項專利前，無不歷經難以勝數的失敗。在研發蓄電池時，共歷經兩萬五千次失敗，但他不以為苦，更樂觀地說：「我已知道兩萬五千種不可行的方法！」

　　追求夢想的過程，好比推一個巨大的鐵球上山坡，在失敗後應儘速重整旗鼓、改弦易轍直到成功為止；過程雖無比艱辛，但只要將鐵球推過了山頂，鐵球便將如奔雷般向前挺進，自行運轉勢不可擋，一切皆水到渠成。

　　四、當下原則：逝者已矣，未來尚在未來，唯有當下此刻是真實的；若不遵循當下原則，恐難築夢踏實。在追求夢想的過程中，雖得不斷檢視昔日的錯誤、不足之處，想像來日的美好遠景，但無須為此耗費過多時間精力；應努力掌握當下，不

斷強化自身的競爭力，只要日復一日向前邁進。

五、一萬小時定律：加拿大知名作家葛拉威爾（Malcolm Gladwell）指出，無論何種產業，成功者之得已超越失敗者，在於擁有一萬小時的專注練習。許多人常問，現實距離夢想多遠，我的回答與葛拉威爾相同：距離一萬小時；通往成功沒有捷徑，一萬小時定律猶如鐵律。根據科學研究，人類大腦約有一千億腦神經元，在學習新事務時將改變腦神經元的聯結；重複練習時，新聯結將不斷強化、越來越上手。

各領域的世界級名家，無論是棋手、作曲家、小說家、運動員、鋼琴家、科技企業家，在成名前都歷經至少一萬小時的刻苦練習；就連弱冠便名揚四海的比爾‧蓋茲與賈伯斯，在賺取人生第一桶金之前，花在寫程式、打造個人電腦的時間，也都超過一萬個小時。

不過，無須聞一萬個小時而色變，甚至未戰先降。專心學習、練習一項專業超過四千小時後，就可成為稱職的從業者，若超過五千個小時，幾乎已是該領域的專家，甚至可傳道、授業、解惑；但若要成為頂尖、世界級的專家，就非得超過一萬個小時的學習和練習不可。

六、80/20定律：在執行的過程中，多半先坎坷而後順遂，猶如倒吃甘蔗般漸入佳境；在達標前百分之八十的時間、精力，一如將鐵球推往山坡頂，僅能獲得百分之二十的成果，但在突破轉折點之後的百分之二十的時間、精力，卻可獲得百分之八十的成果，好比鐵球從坡頂上滑落，量變轉為質變，此即80/20定律。

通往成功的道路並不擁擠，只是堅持到最後一刻的人不多；在前段，付出和成果差距過於懸殊，大多數人已遺忘80/20定律，以致半途而廢。謹記，未經前段的揮汗努力，就無法享受後段的加速奔馳與最後的歡呼收割。

七、相信定律：不過，有的夢想難度甚高，縱使已投入可觀的時間、精力，實驗過數不清的方法、途徑，卻遲遲無法成功將鐵球推上山頂，幾乎已無鬥志再戰，只剩下挫折和疲累。每當認定自己應撤守時，因為信仰的緣故，我總深信神在現場，轉而虔誠地向神祈求。此時，我會以最誠實、謙虛的心態，重新用眼、耳、心、身體，仔細、深入地重新且重複地觀察現況，就可清楚地聽到神的聲音；最後，心情總能恢復平靜，再嘗試其他方法、途徑，多半可撥雲見日、否極泰來。

我必須強調，若不遵循這七步驟，成功機率將大為降低，這七步驟執行到底，則是大大提升成功的機率。我在創業時便曾連續遭逢十次失敗；但我深信並認真遵循執行這七步驟後方突破困境、一舉翻盤。

若想完成一件事，且擁有願為此焚身的熱誠時，全世界都會為你讓開道路的！

【動力】動動腦‧操練題

A. 操練題：溝通專業知識

1. 主動請纓做跨部門培訓，用非專業術語講解自己的專業。

2. 做講演或討論，力求把資訊歸納為少於三個要點。

B. 操練題：找到定位

要求獨立完成以自己精通的專業為主、也與其他部門頻繁合作的任務，以此奠定自己在職場上的定位。

C. 操練題：你在做能與人共舞的產品嗎？

1. 試找出你所用的產品中哪一樣是你愛不釋手，或不可或缺的？

2. 找出其中的原因，並以此來衡量你正在做的產品是否能與使用者共舞？

D. 操練題：改變思維，增進溝通能力

下次與人意見不同時，不要急著生氣或不理人，試著平心靜氣地繼續溝通直到改變對方的思維，同意你的看法。

E. 操練題：解決衝突，增強談判技巧

談判之前，預先設想對方的反應，並準備好問題以試圖直

觸對方內心真實的聲音，以期挖掘出對方隱藏的利益需求。

F. 操練題：激發右腦力

　　若你現在需要接受一個挑戰或度過一個難關，嘗試使用逆向思維，大膽地尋求非理性和感性思維，找出有別左腦思維的解決辦法。

G. 操練題：規畫創業願景

　　若現在已進入創業階段，請回想一下創業的目的是什麼呢？只是為了賺錢，還是為了向社會提供前所未見的產品、服務或解決方案呢？

H. 操練題：徹底執行的決心

　　1. 挑選一個自己一直想改除的壞習慣，制訂計畫，運用「慢和堅持」來改掉它，給三個月時間來看自己的進步。

　　2. 在做獨立思考操練（眼力2）及靜中操練大腦（魄力2）的過程中體會徹底執行的七步驟。

Part

4

魄力
關鍵時刻勇敢下決定

應變能力，考驗你的膽識領導

變是世上唯一不變的真理，應如何應變？

● ● ● ● ● ● ● ● ● ● ● ● ● ●

無論在職場、人生，計畫永遠是趕不上變化。曾在英特爾擔任 CEO 多年的葛洛夫，於其名著《十倍速時代》（*Only the Paranoid Survive*）中指出，相較於往昔，人類社會變化速度已增快十倍，成功、失敗速度亦快上十倍；在今日，倘若職人、企業未能變身為十倍速的職人、企業，很難在職場上引領風騷。

現今的企管書、商業書已是汗牛充棟，卻罕有書籍明白指出，不論企業主與經理人再怎麼努力、勤奮，創新力、執行力亦超群出眾（IQ 加上 EQ），頂多可打造出同行兩倍數的業績；唯有懂得除了 IQ、EQ 之外還具有應變能力的 XQ（變商），方能做出超越同行十倍數回報的事業及企業。

▶企業持續成功在於領導模式

「最後失敗的企業」若與成功的企業相較，可能過程是一

樣努力、勤奮，甚至有過之而無不及，並且曾有更幸運的機會。但成功企業最終勝出的原因，在於遭逢好運時，善於御風而上、乘勝追擊，藉機壯大企業規模、拓展目標客群；而遭遇厄運時，有能力將衝擊力道降至最低，並化危機為轉機。

失敗的企業拙於應變，當好運降臨時不是視而不見，便是缺乏膽識、墨守成規，導致時不再來；當厄運造訪時，頓時呆若木雞、魂不守舍，不知如何應變，不僅讓傷害擴大蔓延，甚至危及企業的根基。

然而，在十倍速時代，面對好運厄運時，可思考、處理的時間也已大幅縮短；唯有鍛鍊膽識、應變能力，方可讓好運成為企業擴張的最佳契機，讓厄運成為凝聚企業上下共識、鬥志的催化劑。

如何鍛鍊膽識、勇氣與應變能力呢？西方企管公司常借鏡探險家的故事，說明同樣在危機四伏、快速變遷、難以掌控的環境下，為何某些企業主、經理人可帶領企業突破重圍，某些企業主、經理人距離成功不遠，最後卻功敗垂成。

▶功敗垂成的史考特探險隊

一九一一年，挪威人阿蒙森（Roald Amundsen）、英國人史考特（Robert Falcon Scott）分別帶領探險隊，登陸南極大陸，目標皆是成為踏足南極點的第一人。在冰天雪地的南極大陸，兩支探險隊需跋涉相當於從芝加哥到紐約往返的距離，實為艱巨、危險之至的挑戰。

　　阿蒙森帶領的探險隊率先抵達南極點，全體隊員平安、如期返回基地。史考特帶領的探險隊雖亦成功攻克南極點，但時間卻已晚上一個多月；不幸的是，所有團員在回程中喪生，無一生還。

　　阿蒙森探險隊勝出的原因，在於嚴守紀律、裝備精良而實用，並著手完整、縝密的避險佈置。嚴守紀律指阿蒙森探險隊行進的距離，不受氣候、路況與團員身體、心理變化影響，每天固定前進二十英哩，當氣候、路況較佳時，也不貪多躁進，當氣象、路況惡劣時，亦勉力完成。

　　工欲善其事，必先利其器。在裝備上，阿蒙森探險隊採用更實用的眼罩，並向居住在北極圈的因紐特人（Inuit）請益，如何訓練狗拉雪橇，再強化雪橇，縱使南極大陸氣候再酷寒、路況再嚴峻，依然不會損壞。

　　更重要的是，阿蒙森探險隊在往返路線上，設立多個補給站；並在補給站旁樹立醒目的旗幟，兩側設置黑色標誌，標誌延伸約十公里。在南極大陸白茫茫的冰雪世界中，補給站相當顯目、不易錯過，可避免探險隊偏離路線。

　　史考特探險隊行進距離，則完全視當下的氣候、路況而定，當氣候、路況較佳時，加快腳步、拚命趕路，當氣候、路況惡劣時，則將腳步放慢；其主要裝備似乎更為先進，用小型馬、電動雪橇，但嚴重錯估南極大陸環境，小型馬相繼凍斃，電動雪橇全數故障，隊員甚至得在身體上綁著背帶，拖雪橇前進。

　　憑藉著過人的勇氣，史考特探險隊終於抵達南極點，但因

毫無避險意識，沒有任何防範意外的措施，終究不敵瞬息萬變的南極大陸氣候，最後集體葬身雪國，留給後人無盡的感傷。

在以上真人實事的故事中，我們可以學到這兩個探險隊伍面臨相同的險境，在過程中也都遇到相類似的厄運及好運，至終所以有如此不同的結果，不在於運氣的好壞，而在於兩個領導者領導模式的不同，史考特的領導方式沒有將風險管理及應變處理（即 XQ）當做要務，所以整個團隊的命運交在運氣手中。相對的，阿蒙森領導模式中所強調的三件事，都著重於將風險降到最低中，來培養處理運氣的應變能力。

▶十倍速企業的典範

進入十倍速時代後，世界變得更混亂、更難以掌控，職人、企業都應效法阿蒙森探險隊，貫徹以下三大原則：

一、養成遵守紀律：企業應如阿蒙森探險隊，雖然氣候、路況好壞不一，每天皆行進相同距離，致力業績穩健成長，只有在順境中、逆境中都養成持續前行的紀律，方能在面對巨大危機立於不敗之地，不讓自己暴露在無法預期的風暴中。

二、經實證的創新：創新應配合紀律、有目標，且務實不務虛，唯有如阿蒙森一樣追求可經實證的創新，才能在險境中藉著創新脫困。

三、鍛鍊應變能力：十倍速企業領袖認同阿蒙森，總是意識到世界是可以變成很可怕的，在困難來襲前因為疑慮而先做好萬全的準備，事前培養膽量與危機意識，當遭遇危機時，臨

危不亂、處變不驚，理性、平和地制定因應方案。

　　無論企業、個人，堅持紀律皆頗為不易。所有的大事，實由眾多微不足道的小事累積而成；大多數成功者的共同交集，即持之以恆，失敗者、平庸者的最大特徵，就是難以持之以恆，遇到較大困難便半途而廢。

　　然而，許多企業衰亡的關鍵因素，並非受經濟不景氣衝擊，而是在經濟欣欣向榮時過度擴張，或跨足不熟悉的產業，當景氣急轉直下時，無力支付高額的營運成本。但在順境時，罕有企業不見獵心喜，大舉擴張事業版圖；因此，當逆境到來時，勢必將遭遇無法預期的風暴。

　　美國西南航空（Southwest Airlines）是堅持紀律的企業典範。在全球金融風暴前，美國有超過一百個城市，邀請西南航空前往拓點，但西南航空卻只從中挑選四個城市；因此，當金融風暴鋪天蓋地來襲時，其他航空公司相繼裁員，西南航空拓點進度卻絲毫不受影響。

　　勇於創新的企業不在少數，但創新不一定可為企業找到新的方向、生路，而英特爾則是靠創新不斷茁壯、成長的最佳案例。雖積極創新，英特爾卻不為創新而創新，不追求創新的量，而講究創新的質，常將數個創新方案去蕪存菁，揉合成一個更具爆發力的創新方案。創新必須服從紀律，企業主、經理人應當深刻領悟到，紀律可為創新加分而非減分。

　　最懂得應變的企業，非蘋果莫屬，堪稱十倍速企業的佼佼者。十倍速企業的企業主、經理人，針對可能發生的種種危機，早已做足萬全準備，無論好運、厄運造訪，皆有恃無恐；

十倍數企業勝過二倍數企業之處，便在於應變能力卓越超群，更懂得處理運氣。

▶培養應變能力以處理運氣

許多人將運氣等同於命運，實則不然。那麼，何謂運氣呢？在我看來，運氣通常與具體事件有關，其具備三大條件，依次簡述如下：

1. 發生原因與當事人、企業無關
2. 可能造成巨大影響——可能是正面也可能是負面
3. 包含若干不可預期的因素

美國有公司專門以運氣為主題，進行量化研究，發現成功的個人、企業，遭逢的好運不一定多於厄運；同樣的，失敗的個人、企業，遭逢的厄運不一定多於好運。分別成敗的決定性因素，在於個人、企業是否先能未雨綢繆，然後有足夠的膽識和應變能力處理充滿不確定性的運氣。

處理運氣之際，正是鍛鍊膽識、應變能力的最佳時機。此時，職人應主動請纓執行相關因應策略，勇於承擔，若可讓所服務的企業在順境時加速奔馳、在逆境時找到生機，職涯可望就此攀登高峰、踏上坦途。

根據調查，在美國眾多企業執行長中，膽識過人者仍屬罕見；但膽識高低，常等同於領導力高低。依照巴列圖法

則（Pareto Principle），世界上八成的成就由兩成的人創造；這兩成人的成功祕訣，便在於「不凡的膽識」，即 XQ 的能力。

若有膽識、善應變，當眾人腳步遲疑時敢於向前邁進一步，不斷累積應變經驗，將更具勇氣、決心、自信心，堅持立場擇善固執，並妥適協調職場上各種紛爭、矛盾；如此，即使遭遇再棘手的麻煩、再強勁的對手，依然無所畏懼，在必要時，更可破釜沉舟全力求勝。

我的職涯多次是在逆境中翻轉獲勝的，許多膽識和應變能力也是在這些危機中練就的。例如，當我在擔任摩托羅拉手機部亞洲總裁時，在大陸推動手機中文化，並提高摩托羅拉手機的市占率，就是靠膽識和應變能力扭轉戰局。

就在做成手機中文化有了領先產品的同時，在產品銷售上又遇到難題。當時，摩托羅拉致力增加經銷商、代理商的數量，並將所有產品提供給所有的經銷商、代理商，以期增加手機的市占率；然而，各地經銷商、代理商在各區域間搶貨，以致砍價惡鬥之事可說無日不有，令摩托羅拉銷售部門疲於應付；且因利潤持續探底，甚至無利可圖，幾乎天天都有經銷商、代理商前往摩托羅拉抗議，要求給予更優惠的購入價格。

因為經銷商、代理商的惡鬥，摩托羅拉有數款品質精良的手機——研發時間皆長達兩年——問世後還不到三個月，就變成為惡鬥的犧牲品，被迫退出市場。不久後，摩托羅拉在大陸市場手機市占率已落後另一手機大廠約百分之八，且劣勢不斷擴大中。

面對此一危機，我立即研擬因應策略，決定將大陸市場切

割為東、西、南、北四大區塊，再依人口數、消費力，劃分一、二、三、四級城市，並根據經銷商、代理商的特點與銷售潛力高低，分別提供適合他們的產品，並裁撤信用不佳、銷售遲遲未見起色者。

而且，在每個城市，摩托羅拉每一款手機，最多只配給兩家將其列為主打商品的經銷商、代理商，並全力配合其行銷策略，激發其銷售潛能。此後，每個經銷商、代理商都相當珍視摩托羅拉挹注的資源，並積極發想行銷策略，認真銷售摩托羅拉的手機，甚至視其為唯一商品。僅僅是調整與經銷商、代理商的互動模式，摩托羅拉不僅消弭危機，更從危機中發現契機，藉此急起直追、後來居上。

▶在逆境中最忌負面思考

古諺云：「窮則變、變則通、通則久」。窮，為逆境的通稱；變，指不滿現況；通，則是排除困難；此諺語指出：唯有懂得變通，方可長治久安。想突破逆境，無膽識寸步難行，而練就膽識的基本條件不外乎「不滿現狀、想方設法排除困難」。

不滿現狀，須以超越常人的思維為基礎，懂得順應變遷、正面思考，並在關鍵時刻堅守立場，否則就只是牢騷、抱怨。**想排除困難則應採取超越常人的行動、策略**，以處理危機、紛爭，才有機會衝破逆境，若因循守舊、不願冒險，終將被橫逆擊垮。

縱使面對危機或不滿現狀，許多人仍拒絕改變，因為缺乏

膽識、應變能力,害怕改變帶來的不確定性。唯有強化自信心,才能看見希望、勇於改變;因為改變決非一蹴可幾,在改變的過程中,若無信心、耐心、恆心,是難以脫離危機的。

培養膽識,首先得**順應變遷**,如此才能善於利用變局,因為機會藏在危機中。市場若出現變局,正是新企業崛起的佳機,企業若出現變局,常連帶著組織重整、新人竄出,亦可能是職人職涯的轉捩點。

在逆境中,最忌負面思考。唯有**正面思考**、遵從內心的指引,才能激發潛能,克服現實與夢想之間的巨大差異,堅持到底、努力不懈,讓今日比昨日進步;每逢關鍵時刻,絕不輕言放棄。

在**關鍵時刻**,決心、意志皆備受考驗,**堅守立場**實為不易;但倘若立場動搖,失敗亦已不遠。當確定在情、理、法等層面皆立於不敗之地時,應勇於捍衛原則、理念,不因畏懼而退縮,即使慘遭他人排擠、阻攔,亦不改其志。

光有膽識,仍不足以扭轉乾坤,仍得打破傳統思維或制訂新的市場、產業供應鏈遊戲規則,非行非常之舉不足以應非常之變。但行非常之舉,難免遭既得利益者中傷、攻訐,內憂外患夾擊;但在新的遊戲規則尚未成形時,應以平常心看待逆境,不可心浮氣躁、意氣用事。

但行非常之舉,仍得按部就班,突破一個又一個關卡,不斷從錯誤中省思、學習、成長,不可心存僥倖,意圖一步登天;挫折常是「偽裝成詛咒的祝福」,但唯有**執著堅持**,方能化詛咒為祝福。

堅持並非死板，兼具行為自律、策略靈活者，方可視禍福如草芥、履水火如平地。一時的失利，常非方向有誤，而是策略偏差；有時，更非面對的危機太大，而是職人的心志太小。

然而，危機常常不是一個又一個接踵而至，而是數個連袂前來；**危機處理**，經驗與專業知識應並重，不可偏廢。若是企業遭遇宛如龍捲風般地巨大危機，企業主、高階經理人應挺身而出，直接掌控全局，並整合企業內外資源，成立專案小組；迅速、正面迎擊危機，不可有絲毫猶豫，坐任危機繼續擴大。

▶處理危機應保持平常心

處理危機雖應全力以赴，但不必時時憂慮、刻刻緊繃，儘可能維持正常作息，適度休息、運動，讓靈魂體都達到最佳狀況；但發想解決方案時，應秉持正義、公平原則，切忌抄捷徑、走邪路，其雖可收一時之效，卻是短多長空。

在排除困難的過程中，內部的歧見、紛爭無可避免，萬不可偏聽、偏見，應力求聆聽、包容不同的聲音，保持各方勢力微妙而不失控的平衡，此亦企業管理的基本原則；讓異質聲音並存不悖，正是激發創意的不二法門。

爭執處理的要點不在判定誰對誰錯，而是嘗試凝聚共識。根據我的經驗，應恪守以下五個原則，才不至於治絲益棼：

一、朝建設性方向前進：應將爭執帶往建設性方向，而非破壞性方向。

二、保持尊重：企業主、高階經理人應放下身段，尊重每

一個人，評論時對事不對人，不做任何人身攻擊，以信任取代猜忌。

三、不能有先入為主的意見：討論時，應捐棄對他人的成見，以免討論失焦。

四、就事論事：爭執的目的在溝通，從中激發解決方案，而非分出勝負。

五、聽重於講：認真、仔細聆聽，但謹慎發言；若要指責亦得三思而後行。

越來越多的父母認為，在子女尚在就學時代，便應鍛鍊其膽識、應變能力，未來進入職場後，可沉穩、冷靜地面對逆境與變局。有的父母讓子女參加深山求生的夏令營，在窮山惡水中激發求生意志。若干富豪，甚至將子女送進軍校接受磨練，這些都是加強訓練膽識和應變能力的方法。

在靜中操練大腦，增加反彈力

人腦的終極功能，是求生存。

● ● ● ● ● ● ● ● ● ● ● ● ● ●

　　人生不如意事十常八九。根據研究，面對困難身處逆境時，約百分之八十的人會想盡辦法閃躲逃避；約百分之十五的人雖厭惡困難逆境，但會嘗試克服與突破；僅有約百分之五的人會主動挑戰逆境，逼迫自己成長。

　　在我看來，讓自己在遭逢擠壓、卻能像一塊橡皮或海綿快速恢復原狀的恢復力──**即反彈力**──最重要的關鍵在腦的操練。不過，鍛鍊反彈力首先得經歷、認識失敗，並深刻體會到自己在失敗中求勝的經驗；其次，應嘗試跨出「可自我控制的領域」，跨出的經驗越豐富，對冒險的承受力也將日益增強。

▶反彈力與個性無關

　　當面對困難身處逆境，最難超越和克服的當屬「壓力」和「恐懼」。

　　如果已認定自己無法克服，就容易消極放棄、屈服妥協，

或選擇繞道而行。當無法扭轉逆境，深感孤立無援、煩躁不安時就會產生壓力；不過，巨大壓力固然可怕，接連不斷的細微壓力亦令人難以忍受，長期忍受壓力可能造成諸多身心疾病，不得不防。

　　恐懼則是動物感受危機時的本能反應，人類亦不例外。當恐懼升起時，腦中的恐懼迴路（fear circuit）立即開啟，一般人會找尋他人為伴、共同抵禦危機；因此，當找不到夥伴時，恐懼將如影隨形。越是經常開啟腦中的恐懼迴路，恐懼將滲透進思惟中，成為揮之不去的陰影。所以，若能找出強化反彈力的方法，不僅可逢凶化吉，還可在逆境中茁壯成長、激發潛力。經實驗證明，接受扎實反彈力訓練者，腦部結構將產生變化。

　　因此也可以這麼說，反彈力的訓練即腦的操練。經反彈力訓練者的腦，在腦組織中可產生新的迴路，當面對危機身處逆境時，思緒可繞過恐懼迴路，壓力、恐懼大幅減縮，可沉著冷靜因應變局。日積月累之後，患難生忍耐，忍耐生老練，反彈力將可成為邁向成功的堅實後盾。而且值得慶幸的好消息是，任何人只要稍加訓練，都可培養反彈力，擊退壓力和恐懼，讓人生維持在常軌上。

　　腦神經科學學者證實，主管人類的認知、思考的前腦與管人類的情感、感覺的中腦之連結，與反彈力息息相關；反彈力較高者，在恐懼逼近時可自主恢復平靜，將情緒波動降低至可控制的範圍內。若未經反彈力訓練，一旦恐懼來襲，可能無法理性思考，容易陷溺在焦慮、抑鬱中而無法自拔。

　　對不順心事務的反應可檢驗一個人反彈力之高低，從如何處理較小的壓力源，便可推斷當遭遇較大壓力源時可能的因應、處置與決斷。反彈力與個性無關，樂觀者不見得比悲觀者更具反彈力；曾有專家整理出十多種鍛鍊反彈力的方法，但並非每種方法皆適用於每個人，唯有不斷嘗試，方知何種方法適合自己。

▶反彈力可自幼訓練

　　根據我的經驗，以下五種增進反彈力的方式，幾乎人人都可適用。

　　一、對抗：與壓力、恐懼正面對抗。嘗試主動從事若干原本自己害怕的事，反而可以鬆弛腦中的恐懼迴路。

　　二、相信：從日常的諸多決定中，整理出一套有原則的道德規範，即使遭遇再大的壓力、恐懼，亦嚴格遵循奉行。

　　三、求援：在關鍵時刻不故步自封、苦撐待變，應找尋強有力的友善支持社群，尋求實質及心靈上的援助。

　　四、運動：適度與定時的運動，將有助舒緩身心，不躁進亦不氣餒，也可修補在壓力下受損的腦神經元。

　　五、安靜：唯有在靜默中才能完整、理性地思考，即使壓力恐懼當頂亦可臨危不亂，並藉內在力量修復創傷。

　　美國是由移民組成的國家，許多人移民至美國時赤手空拳一無所有，胼手胝足後方豐衣足食，甚至飛黃騰達。他們相當珍視奮鬥過程，也擔心下一代養尊處優、難以自立；於是採用

斯巴達的教育方式，鍛鍊子女的反彈力和求生能力。

　　若干家長陪同子女參加野外求生營。他們先在營隊基地接受數天基本的求生訓練，然後讓子女僅帶著簡單的口糧進入不見人煙的叢林，少則一周多則兩周才能返回營隊基地。

　　在險峻的叢林中為了求生存，他們只得以蛇肉、老鼠肉果腹，喝溪水止渴，若無堅強鬥志卓越膽識，且彼此精誠團結分工合作，難以度過一個又一個難關，甚至還可能遭遇不測。

　　離開野外求生營後，原本嬌生慣養的子女無不脫胎換骨彷彿重生，變得主動積極，更懂得感恩，不再事事仰賴父母；面對挑戰、挫折、失敗亦不驚慌失措，被打倒後亦可快速重新振作，反彈力就此超越同儕。

　　如何操練反彈力解決困難、衝破逆境呢？曾有專家提供十項建議，依序簡介如下：

　　一、堅定信仰：信仰不一定指宗教，亦可是衷心相信的核心價值；在任何情況下信仰皆不動搖，堅信不移。

　　二、訂定目標：若有奮鬥的目標，面對困難身處逆境，亦可從傷痛中發現意義和價值，並化悲憤為力量繼續朝目標前進。

　　三、正面思考：對未來，應抱持正面思考，才能遠離絕望、懷抱希望。

　　四、請教前輩：向曾走出職涯、生涯谷底的前輩請益，當可縮短沮喪懊悔的時間，儘速思考因應壓力和恐懼的對策。

　　五、勇往直前：面對令自己害怕和厭煩的事，不要逃避，直接迎擊。

　　六、迅速求助：研判困難、壓力可能超越自己的能力上限時應立即求助，不可坐視讓困難、壓力擴大，直至難以或無法收拾的地步。

　　七、學習新知：若在短時間內無法解決困難、衝破逆境，亦不必每分每秒繃緊神經；有時可透過學習新事物，逼迫自己轉移焦點。

　　八、持續健身：奮戰不僅得靠腦力更得靠體力；若無運動習慣，此時應選擇適合自己的運動，持之以恆地健身。

　　九、既往不究：雖得記取過去錯誤的教訓，但不必過度自責、自怨自艾；否則，將難以正面思考。

　　十、強化優勢：應認知自己的優勢，運用區分原則、重強避弱，並傾注資源、時間強化之。

▶在靜中求專、在靜中得力

　　安靜是增進反彈力的最佳方式之一，也是實踐十項建議的必要條件。原因無它，唯有在安靜中方可專心致志，即「靜中求專」（mindfulness）；亦唯有在安靜中才能持續增進個人反彈力，即「靜中得力」（the power of silence）。

　　為何靜中可求專？因為在靜默中最適宜訓練心念，使其專注於當下，摒除腦中的疑慮、焦慮、困惑，讓思考清澈、理性，不受外界干擾，飄移至過去、未來或他處。

　　二〇一〇年時，哈佛大學曾進行研究，發現一般人在一天中約有百分之四十七的時間胡思亂想，腦中所想與正在面對、

處理的事無關；但若經過靜中求專的訓練，讓身心迅速安定、寧靜，便可大幅提升專注力，表現將更為出色。

另一個研究顯示「越善於在靜中求專，反彈力便越強」的例子是：經過嚴格靜中求專訓練的運動員與海軍陸戰隊隊員，相較於未經此訓練者，較少情緒波動，心跳、呼吸起伏幅度亦較小，並能更迅速恢復常態及戰鬥力。

為何靜中可得力？因為安靜中可潛移默化地昇華人性、淨化品格，長期訓練讓自我安靜，甚至可改變人腦的結構、功能，越能從高度壓力中，將恐懼、焦慮、抑鬱的情緒，轉為善良、仁慈、同情的行動；而此改變不僅止於安靜時刻，亦延至行動時，永久提升反彈力。

從多年前，我就開始在清早做靜力的操練，每天操練四十五分鐘到一個小時，目的便是在靜力的三面向中──**靜止（stillness）、沉默（silence）、獨處（solitude）**──讓身心都習慣於安靜，以期強化反彈力，並增強自己靜中得專及靜中得力的扭轉力。

進攻永遠是最好的防守

在汪洋大海中，小船面對暴風雨時，最安全的航路乃在調整方位後，卯足全船的動力向著暴風雨的中心筆直前進。

● ● ● ● ● ● ● ● ● ● ● ● ● ●

職場如人生，當遭逢危難時大多數人選擇像遇見風暴的鴕鳥，將整顆頭埋進沙土中，聽而不聞、視而不見，以不變應萬變，希望在不久後一切便恢復風平浪靜。只是，這種態度縱使僥倖躲過幾次風暴，最終仍不免葬身於之後的風暴，或終生無法出人頭地，或不斷在職場中漂泊流浪，甚至早早結束職涯。

面對逆境，進攻永遠是最好的防守；若一味靜態守備，既難增益個人能力，更無法在風暴眼中找到新的生機、出路，化危機為轉機，還可能坐視中、小型的危機滋長成難以逃出的大型危機。

▶面對逆境不屈服、不逃避

被史學家尊為「千古一帝」的漢武帝，正是以進攻為防

守、成功以小搏大的案例。經過祖父漢文帝、父親漢景帝的勵精圖治，漢武帝登基時，漢帝國國富民豐、倉廩充足；但在軍事上卻是弱國，雖然步兵人數頗眾，但騎兵始終不及奔馳如電的匈奴騎兵，導致國境屢遭襲擾，國家安全飽受威脅。

為了洗刷國恥，漢武帝即位後，削弱諸侯勢力、推動政經改革，派遣張騫出使西域諸國，除了策動西域諸國脫離匈奴羽翼，更引進汗血馬，強化漢軍騎兵戰力。漢武帝任命衛青祕密、積極整訓騎兵，同時持續懷柔政策，餽贈匈奴金銀玉帛，鬆懈匈奴心防，爭取練兵時間。

在組建軍容壯盛的騎兵部隊後，漢武帝決定主動出兵塞外，先後指派衛青、霍去病等人為將，率領漢軍進攻匈奴。霍去病部隊深入戈壁沙漠，直撲匈奴單于宗室所在地，獲得空前的勝利，匈奴被迫北遷，無力再威脅漢帝國。從此，漢帝國國威大振，版圖大幅擴增。在職場上，當遭遇困難險阻，亦當效法漢武帝主動出擊、衝破逆境、甚至以小搏大的精神。

危機處理應按部就班，不可自亂陣腳。當面對逆境時首先應管理情緒，不可屈服或逃避，聚精會神苦思突圍之道，接著應理清思路，平靜且理性地審度時勢，釐清真實狀況。

此後，則應索盡枯腸，發想出具創意的整體方案，並積極備戰，謹記在尚未做足準備前應放低身段、姿態，爭取時間養精蓄銳，不輕易顯露實力；**等到羽翼豐滿、戰力堅強後，則應主動出擊，而非被動還擊，更得直搗黃龍**，迂迴曲折反而容易貽誤戰機。若能如此，其結果將超乎想像，自身潛能更將激發再上層樓。

▶看似保險的方法並不保險

一九九八年，在摩托羅拉手機部亞洲總裁任內，我便曾以進攻為防守，扳倒原被視為不可能超越的競爭對手。當年，摩托羅拉手機全球市占率節節敗退，大多數主管堅稱衰退主因乃是工程師人數過少，導致產品品項不若競爭對手多元；但我相信，其應歸咎於缺乏整體性的策略規畫。

該年，摩托羅拉將進行全面性組織調整，手機部亞洲區總裁同時兼管全球 CDMA 手機研發；只是，摩托羅拉當時最暢銷的手機為高價位的 Startec，但僅有 GSM 機種，CDMA 機種尚未研發。

在 CDMA 手機市場，以韓國市場馬首是瞻，韓國企業挾先驅者優勢，並以本國市場為後盾，盤踞全球市占率榜首，亦是摩托羅拉最大競爭對手；因為靠著在韓國賺取巨額利益，其在美國採取低價策略，不斷侵蝕摩托羅拉產品的市占率。

在美國市場，這家韓國企業並未推出為低成本設計的 CDMA 手機，販售的是與韓國同款的高檔手機；他們以在韓國推出八款高檔、高價位手機，銷售業績較佳的前四名，稍加修改後隨後在美國開賣，售價遠低於韓國，以在韓國的盈餘做為進軍美國市場的後盾，目的為搶攻全球市占率。

當時，摩托羅拉僅推出一款中價位的 CDMA 手機，在韓國企業搶占高、低價位手機市場的雙重夾擊下，很難獲得消費者青睞。

摩托羅拉手機部工程師約三千名，專事研發 CDMA 手機

者卻僅有二百五十人。在二百五十人中，一百人主攻美國市場，七十人主攻韓國市場，主攻日本市場、大陸市場的工程師，分別為五十人、三十人；只是，不同組別的工程師各自為政、拒絕整合，實難有具體作為。

而且，二百五十名 CDMA 手機工程師皆在美國，且多數為美國人，對我接管 CDMA 手機研發甚為不滿。因為，我曾暗度陳倉私募亞洲手機研發團隊、並擴充天津廠的生產線；他們憂心我將大舉裁員，轉至亞洲另起爐灶，於是聯名至人力資源部抗議，聲稱我危及美國人就業機會，要求高層收回我接管的成命。

此時，於一九九七年年末爆發的亞洲金融風暴，當下已蔓延至韓國；韓國經濟重創，韓元快速貶值，數以萬計的中、小企業岌岌可危，包括若干研發 CDMA 技術的公司。

在摩托羅拉手機部高層會議中，主導 TDMA 手機研發的美洲總裁，與負責 GSM 手機研發的歐洲總裁，皆力主擴編工程師人數；他們深信，這是唯一且最保險、最安全的解決方案。但我認為此舉非但耗費巨資又難以快速收成，並達成摩托羅拉訂定的手機市占率目標，亦難以適用於 CDMA 手機領域。

▶欲釜底抽薪唯有直搗黃龍

畢竟，韓國企業已深耕 CDMA 手機技術多年，長期壟斷韓國市場；在 CDMA 手機市場，摩托羅拉產品全球市占率每況愈下，要反敗為勝頗為不易。因為媒體不斷擾攘、渲染，摩

托羅拉總部為此焦頭爛額；「在美國建立低價位 CDMA 手機研發團隊，以捍衛美國市場」堪稱主流意見，並可藉此平息媒體的雜音。

　　但我研判此舉將徒勞無功。理由無它，韓國企業壟斷整個韓國市場，且已在美國市場建立堅強的灘頭堡，摩托羅拉立足點已矮人一截，不應輕啟價格戰；且若要研發低價位手機，美國工程師的訓練、經歷，遠不如亞洲工程師適任，加上摩托羅拉的 CDMA 研發團隊如一盤散沙，縱使增援人手也只會添亂，難以扭轉戰局。

　　我主張易守為攻，強攻韓國市場，只要削弱韓國企業在母國的獲利率，其在美國的低價位戰略必將戛然而止；而且，想進軍韓國市場，最佳利器當是低價位的 CDMA 手機，收購韓國研發 CDMA 技術的中、小企業，當下正是最佳時機，至於摩托羅拉手機部在美國的工程師，則應重新整合，專注於開發高利潤的 CDMA Startec 手機。

　　在會議結束後一個月，摩托羅拉在韓國收購了兩家研發 CDMA 手機技術的小型企業，費用僅約歐洲總裁、美洲總裁招兵買馬的百分之五，而且增加了五百名工程師；並改變研發方向，專攻低價位的 CDMA 手機，目標訂為每六個月在韓國、美國推出八款手機。

　　果不其然，在六個月後，這家韓國企業的 CDMA 手機受到摩托羅拉推出多款低價位手機的衝擊，在母國的市占率、利潤雙雙下滑，已無力在美國延續低價位策略，摩托羅拉靠低價 CDMA 手機，逐步「收復失土」。十個月後，摩托羅拉的

CDMA Startec 手機問世，在美國、韓國皆供不應求，為當時最暢銷的機種。

　　摩托羅拉以低價位手機奪回市占率，並藉高價位的 CDMA Startec 手機大幅提高獲利，逼使這家韓國企業只得在韓國不斷降價以保住市占率，利潤就此大減，而在美國亦被迫抬高手機價格，市占率亦隨之節節下滑。

　　此後，在 CDMA 手機市場，摩托羅拉全球市占率大增；摩托羅拉的 CDMA 產品線從原本令手機部煩憂的「錢坑」，搖身變為「金雞母」。值得一提的是，該家韓國企業的 CDMA 手機諸多工程師，不約而同地跳槽至摩托羅拉在韓國的設計中心；而在美國，也有多位摩托羅拉手機工程師請求轉調隸屬亞洲區的 CDMA 手機研發團隊！

贏在拐點，活出與眾不同

成功的人不是贏在起點，而是贏在拐點。

●●●●●●●●●●●●●●●●

　　對於未來，越來越多青年世代感到茫然，嚴重缺乏熱情、動力，這是舉世皆然的情況。這些年輕人看待「成功人士」的認知則是：若非家族庇蔭便是天資、運氣過人，似乎天生註定享受榮華富貴。只是，他們多半僅瞥見浮光掠影，實情並非如此。

　　誠然，在成功人士中不乏諸多富二代、官二代，但白手起家的企業家仍多得難以勝數，例如，大陸首富馬雲原是中學老師，香港首富李嘉誠早年當過販售紙花的小販，台灣首富郭台銘起初只是個騎摩托車的業務員。

　　馬雲、李嘉誠、郭台銘皆未贏在起點，而是贏在拐點——即面臨關鍵時刻而引發出的人生轉捩點；唯有贏在拐點，方可活出與眾不同。三人皆出身平凡、寒微家庭，學歷更無過人之處，亦無高親貴友；他們創建堪比無敵艦隊的龐大事業體，唯一可憑藉的是，勇敢地為理想而活，即使內心充滿惶恐，且無人支持、襄助，依然堅持向著目標前進。

今日，許多父母深恐孩子輸在起點，拚命將孩子的時間填滿，安排數不盡的補習課程，期許其課業成績超越同儕，卻未曾思量過，如何訓練、培養孩子贏在拐點的能力。

▶成功者傾聽內心的聲音

想要贏在拐點，除了得有崇高的理想，還得傾聽內心的聲音，忍受特立獨行的孤寂。走過數十年職涯，我深深相信，**當下的工作、生活都僅僅是活出與眾不同的載體，人生的價值在於創新，最好的創新來自內心的熱情**；成功者無不時時關照自己內心，不理會外在世界的噪音和咆哮。

愛因斯坦（Albert Einstein）無疑是當今最偉大的科學家之一，亦是當代物理學的重要奠基者。相對於其他科學家，愛因斯坦並非出身最頂尖的名校，甚至曾數年謀不到一席教職，只能委身在瑞士專利局，利用閒暇研究物理學；但他輸在起點卻能贏在拐點，躍居物理學的萬世巨星。

歸納愛因斯坦的生涯，**其成功因素無非忠於所長、堅持執著**，他擅長思考，長時間在腦海中進行思考實驗，他更以專注著稱，花十年光陰思考一個議題；且他順從本性，他的個性為不滿現狀、挑戰權威，勇於照著內心的指引，去追逐自己的夢想。

愛因斯坦為理論物理學家，以心無旁騖、忽視周遭目光著稱，絕大多數時間皆在思考物理問題；其先後創立「狹義相對論」（special theory of relativity）、「廣義相對論」（general theory of relativity），從三十六歲直到辭世，則專心建構統一場論（unified field theory）。

最後，**愛因斯坦亦逢綻放光芒的拐點**。二十世紀初期，發現放射線元素，牛頓以降的古典物理學已無法圓滿解釋，多數物理學家仍怯於挑戰古典物理學，正也是物理學新、舊典範交替的最佳時機；愛因斯坦**順從本性**而無所畏懼勇於挑戰權威，其狹義相對論於此時橫空出世，讓他從無名小卒登時成為科學巨擘，就此開創物理學新局。

我的職涯亦非贏在起點，而是贏在拐點。我從台灣負笈美國就讀羅格斯大學，羅格斯大學排行榜排名雖不低，但與史丹佛、麻省理工學院等相較仍有一段距離；職涯出發於正在走下坡的 RCA，學習的也是即將被淘汰的半導體技術，起點並不理想。

在創業之前，職涯的每一個拐點皆是我拾級而上的階梯，總計共獲得十五次成功，每一次成功皆比上一次更巨大。這二十八年的職涯，可分為工程師、經理人、高階主管等三階段，時間分別為六年、十年、十二年。

▶從成功到失敗再到成功

在工程師階段，我先後擔任過初級設計工程師（Junior Design Engineer）、設計工程師（Design Engineer）、高階工程師（Senior Design Engineer）等職。在經理人階段，我相繼被派任為專案設計經理（Project Design Manager）、工程部總

監（Director of Engineering）及技術副總裁（VP of Technical Staff）等職。在高階主管階段，一九九〇年至一九九四年時，我擔任摩托羅拉的FSRAM事業部全球總經理，從一九九五年至二〇〇二年，則擔任摩托羅拉手機部亞洲總裁。

二〇〇三年，我夥同友人，在上海創立上海毅仁信息科技（E28 Limited），擔任董事長兼CEO成為一位企業家；沒想到此後十年，卻接連遭遇十次失敗，直到最後一次才獲得成功。而在二〇一四年後，我轉任社會貢獻家，將畢生知識、經驗、領悟，提供後進諮詢。

踏入職場近四十年，前二十年主要工作地點在美國，且皆在半導體部門；之後十九年工作地點遷移至大陸，投身通訊產業。令我心存感恩的是，除了職位持續向上攀升，研發成果亦備受肯定；不僅擁有九項全球專利，iRAM獲美國《Electronics》雜誌推崇為當年「最佳產品設計」，還發表過三十篇專業論文，其中一篇更於一九八六年獲得IEEE（Institute of Electrical and Electronics Engineers，電機電子工程師學會）最佳論文獎。

足堪註記的職涯里程碑，包括在一九八三年獲英特爾總裁葛洛夫頒發「i-RAM之父」的獎狀，在一九九〇年獲頒新竹交通大學傑出校友獎；因成功推動手機中文化，二〇〇一年獲摩托羅拉的CEO頒發「太極手機中文化之父」之獎狀。二〇〇四年，因推動手機結合Linux系統，被業界公推為「Linux智能手機之父」。

總結我的職涯，身分從專業者晉階至管理者，貫通技術研

發、企業管理，先從事半導體業後跳入通信業，歷練過硬體、軟體兩大產業；而出身東方社會的我，先在西方社會的大企業任職，事業戰場再轉移至東方社會，並選擇於此創業，深諳東方與西方、美國與中華文化的差異，及大型和小型企業之資源落差。

不過，我的職涯亦非一帆風順，足跡踏過從成功到失敗再重回成功的坎坷道路，對成功、失敗皆深有體悟。當下，我已由科技業跨入諮詢業，嘗試教授企業、職涯經驗，以及人生智慧，繼續迎接新的挑戰。

▶工作是實踐理想的載體

在每個職涯階段，我竭盡所能做好三件事：「設計」、「塑造」、「學習」。無論在哪一個職位，無不先絞盡腦汁構思設計，在工程師階段，致力設計產品；在經理人階段，用心設計團隊組織；在高階主管階段，積極設計新的商業模式；在企業家階段，首重設計經營理念；此後，則以其為基礎開始塑造，努力做到最好、最精，並使其壯大，最後無論成功或失敗，都得從經驗中汲取教訓。

面對拐點，我與大多數人無異，同樣將其視為困局；不同的是，雖然備感煎熬、進退維谷，但我卻總熱情洋溢、鬥志昂揚。因為，每一個拐點總逼迫我另闢蹊徑或採用新的設計，或發想新的策略，激發我發揮潛能，改變、豐富了我的人生；不僅學習到更多知識，亦對企管、商戰有了更深的體悟，讓我的

本質、個性益發鮮明，逐步打造起具公信力的個人品牌。

倘若在工作中，能時時不忘激勵自己，對事物適時抱持懷疑態度，切忌相信一切皆理所當然，當面對拐點時願意選用與他人不同的策略處理危機；如此，**工作將不再只是一份掙錢的工作，而是實現熱情、理想的載體，每個拐點將不再是職涯的路障，而是邁向與眾不同的階梯。**

但我必須強調，成功的真正定義，並非對物質、地位的追求，而是來自於與昔日的自我相較，只要日進有功就會湧現出成就感；如果一味與他人相較，便容易急功近利、不擇手段，其並非與眾不同的本意。只要善用神給你的才幹、個性、資源，你就是活出與眾不同，且無高低之分，若從此角度來衡量，每個人都可是藝術精品。

特別補充的是，若想要在職場與眾不同，就得擁有同業從業者所無的特色；企業若具備同業者所無、原本消費行為以外的賣點，就可望麻雀變鳳凰，從小公司茁壯為超級企業。例如，咖啡店何止千萬間，但星巴克（Starbucks）在全球開枝散葉，在於其不只是咖啡店，更是上班族暫歇的行動辦公室。

在 ICT 產業，沒有一家企業如蘋果一般擁有眾多的死忠支持者，關鍵在 iPhone 並不是手機而已，更是讓碎片時代者整合生活的利器。阿里巴巴成功之處在於，不僅僅是網路商城亦兼具線上銀行；騰訊在網路服務業中異軍突起，便在於兼具郵局、電信公司的功能，方得以與眾不同。上述公司亦是企業在面對 XQ 時代贏在拐點的最佳範例。

情況領導力，
考驗你能一心多用嗎？

你的頻寬有多少？

（How wide is your bandwidth？）

● ● ● ● ● ● ● ● ● ● ● ● ● ●

職場與學校差異之處頗多，其中之一在於學生只須專心讀書，但上班族職位越高，參與負責的業務則越多越雜；如果無法練就一心多用，註定疲於奔命、難得喘息，甚至升遷受限。

例如，一位研發經理帶領十五個人的研發團隊，為了衝刺績效每天拚命工作，自上任之後平均每周工作近七十小時，幾乎毫無休假。研發經理滿心以為，其團隊績效超越其他團隊，相較於同等級主管，更有機會向上攀登，進階管理超過六十人的大團隊。

▶考績涵括未來潛能

然而，事與願違，獲得拔擢的是另一位經理，讓研發經理百思不得其解。其實，在企業高層眼中，研發經理當下已竭盡所能，倘若再上一層樓勢必左支右絀、力有未逮；他們最欣賞

的人才當是工作遊刃有餘，還可支援其他團隊者。

　　根據統計，企業高階主管平均每天得進行約五十個決定，有時更得同時進行數個決定；唯有擁有足夠的頻寬，方可有條不紊地處理每件事，快速做出正確的決定。在此，頻寬指同時處理多少件事的能力，倘若頻寬不足職涯將備極艱辛，頻寬倘若超越他人，職涯成就將無可限量。

　　一間上軌道、正派經營的企業，高階主管對中、低階主管的審核，七成視其當下的業績表現，另三成則視其潛能；潛能指可能在未來發揮的能力，與有無在五年內連升三級的可能性。

　　主管領導力之高低，唯一衡量標準乃是效益。一位優秀的經理人，在不同情況下或面對不同的人、事、物，應審度任務的**輕重緩急**、與相關人等關係的**遠近親疏**，適時、靈活調整領導風格、模式，以強化領導效益，不可墨守成規、「一條路走到黑」；此種應變能力，稱為情況領導力。

　　情況領導力關鍵在於，一位經理人應視情況決定領導風格，方能以最有效益的方式完成任務、抵達目標，不可企圖以個人領導風格改變情況，否則不僅將事倍功半，甚至是自尋煩惱、自尋死路。

▶四種領導情境

　　一支部隊正與敵軍進行殊死戰，部隊司令與幕僚多番沙盤推演，發現勝利的唯一戰略必須在半小時內攻占某個山頭，除

此別無他法。此任務萬分緊急，更可能是最關鍵的一役，關係整體戰局成敗。

此時，我軍正有另一支部隊在此山頭周遭作戰，指揮官為司令軍校同班同學兼好友；司令立即透過軍事通訊器連繫指揮官，從通訊器背景中，可清楚聽到此起彼落的槍砲聲，熱戰正酣。

司令將戰略告知指揮官，指揮官不假思索便回絕；因為指揮官的部隊已連續作戰兩天兩夜，士兵死傷相當慘重，他希望讓士兵修整半天後再執行此任務。但司令深知此任務不容拖延，且無任何替代方案；於是，無法再顧及兩人昔日的交情，只能果斷地告訴指揮官：「在半小時內你若不率部隊攻占山頭，我以抗命槍斃你，這是命令。」語畢便掛上電話。

在戰場上，一念之仁可能導致無可收拾的後果。因此，從整體戰局著想，司令當機立斷，將執行任務置於維繫兩人關係之上，領導風格為**指導型領導，領導模式為命令**。

在職場上，情況領導力亦是決定職人命運的關鍵因素。一家企業負責人察覺，若可順利開展一項全新的業務，不僅企業營業額將水漲船高，規模、知名度將不可同日而語；根據專業評估，開展新業務的最佳地點並不在總部所在地，而是另一個城市。

由於負責人無法「御駕親征」，必得派遣忠誠度高、可獨當一面的幹部推動此全新業務；與人事部門幾番商議，認定張總經理為不二人選。張總經理原已是負責人屬意的最佳接班人，若論威望、人脈、貢獻，企業內無人可出其右；只是，他

與妻子都是本地人，小孩亦在本地就學，外派意願應該不高。

雖說新業務堪稱企業新命脈，但欲速則不達，一切仍得從長計議。負責人反覆思量，此計畫只准成功不許失敗，任務成功與否關鍵人物正是張總經理。但張總經理是不可或缺的重要幹部，在業界亦聲名卓著，只能動之以情、說之以理；若用命令方式，有可能反倒迫使他跳槽。

負責人約談張總經理，首先大大肯定其能力、才幹，與多年來對公司的貢獻，接著語氣懇切地談及新業務，及新業務對公司發展的重要性；張總經理頻頻點頭深感認同。最後，負責人才提出，希望由他執行此計畫，若此計畫完滿、成功，更可降低他接掌企業的阻力、異議。

張總經理雖然心動，卻頗感猶豫。負責人深知張總經理不願單身赴任，應允他若願派駐另一個城市時，可接妻子、小孩同往，公司將全力協助解決居住、教育等相關問題；因已無後顧之憂，張總經理遂慨然允諾外派。負責人採用的就是**影響型領導，其領導模式為推銷**。

上司對下屬得施展情況領導力，經理人若需同層級的主管應援，亦須運用情況領導力。在某家企業，其銷售業績與產品良莠關係密切，行銷人員面對客戶時有時亦得仰仗研發人員排難解紛；行銷經理無法參與研發部門的計畫，為創造更佳的業績，只得另覓管道影響研發部門的研發方向。

對行銷經理而言，此計畫雖非既定的年度計畫，卻是越快施行越佳。行銷經理與研發經理商議，兩人定時會面、交換意見；在會面時，行銷經理將蒐羅公司產品在市場評價等相關資

料，如實詳盡地告知研發經理，以期獲得共鳴。

此後，行銷經理與研發經理從原本交情普通的同事，晉升為休戚與共的戰略夥伴，研發經理亦得以讓研發方向不斷向市場需求修正；兩個部門交流合作更為密切，公司業績亦隨之續創新高。行銷經理應用**合作型領導，其領導模式近乎啟發。**

並非只在關鍵時刻情況領導力方有用武之地，在尋常時刻亦有益於企業運作。在某家企業中，工廠廠長是最資深的員工，擔任廠長亦已十餘年，工廠大、小事無不嫻熟於胸，深受部屬愛戴；工廠主要業務為支援研發部門專案，廠長安分守己，不摻和任何是非。企業主信賴廠長，將工廠運作全權委任廠長；每隔三個月才與廠長進行午餐會議，聽廠長簡述工廠近況。企業主於此採取**委託型領導，領導模式為委任。**

在不同情況下，經理人必須視情況調整最適領導風格，不能長時間保持同一種領導風格，管理不同專業與不同經驗和水平的員工，管理模式也得視情況修正，切忌不知變通。

▶領導風格分四大類

上述的四個故事大致涵括了職場的主要情境，不同領導風格對應的任務和關係簡述如下：

一、高任務、低關係時，須採指導型領導，領導模式為命令：特點為果斷、堅決，經理人形象為有勇氣、尊重人、經驗豐富，但有時令部屬感到畏懼。

二、高任務、高關係時，須採影響型領導，領導模式為行

銷：特點為能力強、具同理心，經理人形象為忠誠、靈敏、關心人、尊重人、懂得振奮人心，更深諳如何提高部屬工作技能。

　　三、低任務、高關係時，須採合作型領導，領導模式為啟發：特點為深具魅力、聰慧明智，經理人形象為謙遜、眼光遠、善於革新、專業能力強、富有挑戰精神。

　　四、低任務、低關係時，須採委託型領導，領導模式為委任：特點為分工授權，經理人形象為追求卓越、言必行且行必果，且可讓部屬以身為部門、企業一員為榮。

　　在擔任摩托羅拉手機部亞洲總裁，我曾靠著收購數家專攻 CDMA 技術的小公司，擊退原本稱霸 CDMA 手機市場的韓國企業，重新贏得主導權。此後，摩托羅拉手機部不斷在亞洲各國擴張版圖，在大陸、台灣、香港、日本、韓國、印度、新加坡，皆設有分部，也將管轄範圍擴及澳洲。

　　單在大陸，摩托羅拉手機部便於上海、成都、廣州、北京，設立東區、西區、南區、北區據點，並有四十多個大、小經銷商，代理商更遍佈全大陸；在各大城市，更設立了五百多家專賣店。設於天津的工廠，生產線更從一條激增至八十條。

　　此時，摩托羅拉手機部更選定北京、韓國、新加坡，分別成立設計研發中心。北京設計研發中心負責研發 GSM 漢語、高階手機與太極智能手機，韓國設計研發中心專攻 CDMA 低階手機，新加坡設計研發中心第一要務則是研發 GSM 低階手機；除此，芝加哥還有一組研發人員支援亞洲區，是研發 CDMA 高端手機的生力軍。

隨著摩托羅拉亞洲通信業務蒸蒸日上，我需要更多人才襄助。在大陸，需要可穩住 GSM 手機業務，並凝聚員工向心力的人才；在韓國，需要肯衝鋒陷陣的大將，以建立 CDMA 手機研發的灘頭堡；在美國，需要可整合設計工程師的幹部，以強化、擴大 CDMA Startec 手機研發的領先優勢。

而在台灣，則需要可拓展 GSM 手機的代工業務的人，更期許他可發想出突破性的合作模式。除此，在韓國、美國還需要擅長培養、激勵新人的人力資源專才，以擴大摩托羅拉在 CDMA 手機研發的優勢。

幸而，在此關鍵時刻按才授職五位美國籍的經理人，稱職地肩負起這些任務，更使得摩托羅拉手機部在亞洲的業務得以百尺竿頭再進一步。面對部門如此多元的業務需求，我不但得一心多用，還隨時緊盯各國的情況變化，適時調整領導風格，確保各項業務得以順利推展！

情感延遲滿足（EQ）：
變商（XQ）發力的前奏曲

IQ 讓人找到工作，EQ 助人穩定成長，XQ 使人無往不利。

● ● ● ● ● ● ● ● ● ● ● ● ●

西諺有云：「我寧可嘗試偉大的事情而失敗，也不願無所事事而成功。」（I'd rather attempt to do something great and fail, than attempt to do nothing and succeed.）通往成功的道路多半得歷經多次的失敗，然而許多人因為害怕失敗選擇放棄嘗試；其實失敗並不可悲，真正可悲的是放棄。

許多成功人士被問及成功祕訣時，共同的交集當是執著、堅持；執著指當自己的理念、信念遭受嚴峻挑戰時，依然不改其志奮力向前行，堅持則是遭遇困難、險阻時，即使備受打擊仍有勇氣衝破逆境。

▶關鍵時刻尤重情緒管理

然而，若要長期維持執著和堅持，就得學習管理各種突發的情緒。在承平時期，多數團隊和組織的成員，無不心平氣

和、舉措合宜，彼此互動順暢愉快；但當危機時刻到來、壓力排山倒海而至時，陸續會有成員惶恐不安疑神疑鬼，甚至對公司失去信心。

在企業，想成為一位穩定成長的優秀的主管，高 IQ 僅是次要條件，高 EQ 才是首要條件；得勝不驕、敗而不餒，不陷溺在負面情緒中，更需適時幫助部屬脫離負面情緒。

此時，若主管能鼓舞士氣，團隊便有機會克服危機邁向成功，亦可能就此踏上更寬廣的坦途；若連領導人也惶惶不可終日，甚至忙著切割推諉，團隊必定更加紊亂、不進反退，最終必將步入失敗。

東漢末葉，曹操掃蕩華北群雄後，隨即大舉揮師南下，原本以眾擊寡、志在必得，卻遭孫權、劉備聯手擊潰，兵敗赤壁死傷慘重；赤壁之戰後，曹操的軍隊倉皇逃竄，諸將莫不相互指責，內戰一觸即發。

眼見諸將齟齬，曹操卻狂笑道：「勝敗乃兵家常事。此次慘敗，實為我輕敵之過，與諸位無關。之前，你們與我打勝過數百場戰役，輸了一次又如何？我們依然兵多將廣、幅員廣袤，只要稍加修整，未來定可報仇雪恨。」

他的一席話，讓諸將士精神為之一振，軍容整齊地返回華北。赤壁戰敗，曹操理應受創最深、最劇，但卻能即時重整情緒，不再忿怒、沮喪，也不責罰部屬，反而勤加勉勵，深具領導者不可或缺的激勵能力與魅力。

因此，曹操並未就此衰落，一直到三國時代，由曹家建立的魏帝國，面積、人口、國力向為三國之首；而賡續魏帝國的

晉帝國，更迅速剿滅蜀漢、東吳，完成統一大業。

▶自我鍛鍊「情感延遲滿足」

棒球、籃球、冰上曲棍球、美式足球，並稱美國四大職業運動；其中，又以職業籃球國際化最深、最廣，最大功臣非「籃球大帝」喬丹（Michael Jordan）莫屬。喬丹堪稱籃球史上最偉大的球員，他曾率領芝加哥公牛隊，六次打進 NBA 總決賽、六次奪下總冠軍，他也是六次獲頒冠軍賽最有價值球員（MVP）。

在 NBA 史上，喬丹生涯攻守記錄、冠軍戒指數，雖皆名列前茅，卻並非樣樣第一；單看統計數字，有人總得分超越他，有人冠軍戒指比他更多，但喬丹的成就卻依然無人能及。

喬丹偉大之處在於，在重要賽事的關鍵時刻，尤其是季後賽。當棋逢對手、賽事陷入膠著、球迷緊張萬分、多數球員心跳加速、球技大大折損時，喬丹卻越戰越勇、抗壓過人。

於是，芝加哥公牛隊幾乎將比賽決勝球交由喬丹操刀；對手雖派防守悍將阻撓，但喬丹卻能屢屢克敵制勝，無人匹敵。喬丹的偉大不僅在於球技高超，而在於其卓越不凡的情緒領導力以及膽識領導，讓芝加哥公牛隊從萬年爛隊，躍居 NBA 史上最強悍的勁旅。

想要有高 EQ 就得學會管理情緒；最佳鍛鍊方式是「情感延遲滿足」。在 EQ 與情緒領導力上，美國保險業業者堪稱全球的先行者；其與史丹佛大學心理學家合作，進行長時間的實

驗、追蹤，證實 EQ 高低與職場成敗息息相關。

　　這項實驗啟自一九七二年，對象為六百位四到六歲的兒童，所有兒童被告知將可獲贈棉花糖，但有兩個選擇；第一個選擇為可立即拿到棉花糖，但僅能拿到一顆，第二個選擇為二十分鐘後才能拿到棉花糖，但可拿到兩顆棉花糖。

　　前者為情感立即滿足，後者為情感延遲滿足。根據一九八八年、一九九〇年與二〇一一年的追蹤，顯示當年選擇後者的兒童，無論薪資收入、教育水準、社會地位，大多比選擇前者的兒童為高，藥物成癮的比例則低上許多；證明情緒管理的差異影響受測兒童的一生。

　　依照最新的醫學研究，若掃描人腦結構，情感偏向立即滿足者的腦細胞互動模式，迥異於情感偏向延遲滿足者，但其互動模式並非天生，可後天訓練。一位腦神經科學家指出，若懂得情緒管理、專注執著、與他人合作，更易生活幸福、事業成功，其重要性更甚於學業成績。

▶縱使失敗，亦遠勝於放棄

　　只要心懷堅定的信念（conviction），就可抑制情感立即滿足的欲望，改變腦細胞的互動模式，成為高 EQ 者。當遭逢困境或逆境時，因著相信，腦中可勾勒比現在更光明、更美好的未來，並堅信只要勇往直前便可讓夢想成真；而在圓夢的過程中，唯有仰仗過人的熱情和意志力，方可風雨不驚、直到天晴。

　　當夢想越明晰、越靠近時，熱情將越來越熾烈，信念也

越來越強大；而智者深知，機會常常是蘊藏在危機之後的，因此高 EQ 者善於順應變遷，深刻認知改變是世界唯一不變的事實，順應並期待變遷發生，並透過變遷超越自己、超越競爭者。

悲觀主義者 EQ 多半較低，信念也相當模糊，甚至完全沒有信念，當環境劇烈變化時，理性思考能力薄弱，個性孤獨不群、易受挫折頑固不化，遭遇巨大壓力時，因循苟且軟弱無能，坐看危機擴大，常等同於失敗者。

相對的，樂觀主義者多半 EQ 較高，信念堅強，當環境劇烈變化時仍能維持理性思考，且充滿冒險精神，願意適應變化，視失敗為建設性經驗，是過程而非結果，最後終將成功。

總結我的職場經驗，深刻的感受是**不要害怕失敗，縱使是失敗也遠遠強過放棄，過程中獲得的寶貴經驗，正是通往成功的重要基石**。如果害怕失敗、一味逃避，終將一事無成、庸碌一生，倘若屈服於失敗、受制於環境，則難逃自我毀滅、孤獨抑鬱；但只要能記取失敗的教訓，便有機會化危機為轉機，逃脫逆境邁向成功。

成功沒有終南捷徑，幾乎所有成功者皆勇於行動，屢敗屢戰。我常建議後輩，不要讓「失敗的恐懼」成為嘗試新事務的絆腳石；與其一生逃避失敗，還不如痛痛快快地失敗一次，便可治癒失敗恐懼症，加快邁向成功的速度。

美國矽谷執全球資通訊產業之牛耳，在矽谷，人人尊敬曾經失敗過的人，多數的創投公司是不投資沒有失敗經驗的創業家的。矽谷精神一言以蔽之："It is OK to fail."。正因為不畏失敗、勇於嘗試，矽谷迄今仍是全球產業創新的火車頭！

典範轉移，改變與應變之道

企業或個人要大步前進或轉變跑道，決定於目標
客戶的需求變化。管理客戶，首重管理其變化。

● ● ● ● ● ● ● ● ● ● ● ● ● ● ● ●

成功固然困難，突破更是不易；個人如此企業亦然。諸多
事業有成的個人、企業常常容易遺忘：「變，是世界唯一不變
的真理」。

今日，不僅時代潮流、產業結構變化速度加劇，昔日的成
功模式也不見得可繼續沿用。即使獲得升遷，因位置不同，若
無法妥善因應隨之而來的改變，恐怕再度升遷亦是緣木求魚。

幾乎每一家規模較大、歷史較久的企業，都有此生晉升無
望的「萬年課長」、「萬年襄理」；他們多半曾為企業立下汗馬
功勞，但被拔擢為主管後卻不懂得管理改變，應付日常庶務已
左支右絀、心力交瘁，年紀尚輕職涯卻已走到頂點。

▶交替使用「慣性思考」、「逆向思考」

我常提醒後進，成功本身已是改變，且將帶來一連串更巨

大的改變，在所有改變中需要特別關注的當屬人的變化，包括上司、客戶、消費者等。當職位再上層樓或事業蓬勃發展時，必須接觸、面對的人不僅更多，其能力、素質、視野層次也將提高，唯有懂得管理改變，方可避免職涯停滯，不斷再創新機。

改變是塑造未來的要素，改變分兩類：

一、順趨勢（trends）：是在既有的數據中，用理性的延伸來做對未來的預測，也是最常用來討論、敘述改變的。

二、反趨勢（anti-trend）：另外一種改變，顛覆現有的趨勢、軌道，重新創造出新的趨勢及軌道。

時代、產業趨勢變化速度越來越快，今日的潮流到了明日可能已是歷史，職人、企業成敗的關鍵便在於能否認清自己的方向，或順應趨勢大步前進，或逆反趨勢以求生存、努力創造新的趨勢和軌道。

順應趨勢時應採用「慣性思考模式」，反趨勢時則應採用「逆向思考模式」；企業、職人若想長期成功，就得學會審度時機交替採用慣性思考模式和逆向思考模式，不可固守單一的思考。

慣性思考模式的特點在於，方方面面皆竭盡努力以求全面發展，相信一分耕耘一分收穫，只要比競爭對手努力便可在商戰中勝出，即使流程再複雜亦堅持走完所有流程；有時更認同流程越繁雜，產品、服務競爭力越高，致力於做得大、做得廣、生產更多產品、開發更多客戶，以期把握每一次機會。

逆向思考模式的特點則在於多思考、不窮忙與瞎忙，推崇

區分原則，選擇從事最得心應手、最感興趣且有價值的事，在少數領域發展核心專長，並積極化繁為簡，嘗試找尋解決問題的捷徑，傾全力做得深、做得透，並培養孕育過人的創造力，打造開創新市場的領先產品。

▶自滿是成功者最大的陷阱

想要擅長「管理改變」，就得先了解「典範轉移模式」（paradigm shift model）。典範原為科學哲學術語，指在某研究社群中，大多數成員認可的信念、價值與研究方法；之後廣泛應用於其他領域，泛指被視為榜樣的行為和反應。

可用二維平面圖解釋典範轉移模式的變化。典範發展的過程當為一 S 曲線，X 軸為時間，Y 軸為需解決的問題數量；S曲線可分為三階段，由左至右，依次為「探索期」、「快速發展期」、「成熟期」。

在「探索期」（即 S 曲線中前面部分），不同的個人、企業嘗試以不同的方式解決問題，因為對問題的本質不甚了解，或尚未發明快速、有效的工具，解決問題速度較慢或壓根無法解決，所以在探索期要用逆向思考。

進入「快速發展期」（即 S 曲線中間部分）後，錯誤方式陸續遭到淘汰，並確立了統一、有效的解題方案（即典範），解決問題速度將大幅提升；無論個人、企業，發展都將順風順水，故在發展期要用慣性思考。

但典範並非金科玉律也非科學原理，終將進入「成熟

期」（即 S 曲線中後面部分）。當成熟期已屆，需解決的問題可能越來越少，但新遭遇的問題不是特別複雜便是特別困難，解決問題的時間越拉越長，甚至有若干問題完全無法解決。

此時，如果仍固守舊有的概念，不願改弦易轍尋找新的典範，鼓起勇氣重新跨入探索期的逆向思考、重新創造自己，不僅發展將停滯不前，甚至可能遭到無情的淘汰。這意謂著，當成功者志得意滿之日常忽略外在的改變，不知不覺地走向衰亡。昔日成就越高的個人、企業，通常越堅持舊有的典範，導致錯過轉型改造的最佳契機！

▶創造典範即可領導產業

電腦架構大戰、手機定位大戰、影印機價格大戰、無線上網生態系統大戰，皆是當代產業發展的重要里程碑，勝利者無不是深諳典範轉移模式的企業。

二十世紀七〇年代，電腦產業霸主非 IBM 莫屬。當時，IBM 身兼大型電腦 CPU、軟體龍頭，還有競爭對手難以匹敵的行銷團隊；當時，除了 IBM 的維修人員，即使是使用者也不被允許拆解 IBM 的電腦，否則將取消保固資格，更使其壟斷性地位無可撼搖。

相對於超級帝國的 IBM，剛創立不久、專事生產個人電腦的蘋果，不過是散兵游勇，兩者資源相差何止萬倍；但蘋果卻靠著創造新的典範掀起電腦架構大戰，並獲得壓倒性的勝利，更逼使 IBM 揚棄舊的典範。

　　因為缺乏資源，蘋果無法自行研發微處理器，於是向摩托羅拉訂購；無力組建軟體工程師團隊故選擇與微軟合作；也難以如 IBM 般自產自銷遂轉而委託零售店販賣。但特別的是，蘋果為了吸引更多使用者，特別設計、產製容易拆解的電腦，並內建空的卡插槽（card slot），方便使用者根據各人喜好擴充電腦的功能。

　　蘋果以其產品價格低、靈活度高，可根據使用者偏好進行調整，吸引了諸多原本未曾接觸電腦的族群，引發並贏得電腦架構大戰，由此建立了引領風騷迄今的個人電腦產業。

　　隨著蘋果電腦廣受歡迎，越來越多電腦公司仿照其營運模式，新的典範正式登場，IBM 的典範只能黯然退位；一九七五年時並無個人電腦市場一辭，但到了一九八五年其產值已高達兩百億美元。

　　手機產業發展至今，歷經兩次典範轉移。初期摩托羅拉為無線通訊產品的創新者、領導者，手機定位為商務機，主要用於洽談業務，各廠商致力開發高品質、高價位的新機種。但在商務機普及後，眾多消費者期待功能與室內電話無異的手機可用來聊天，諾基亞推出多樣性、低價位的普及機，讓一般消費者也買得起，引爆全球手機消費狂潮，一舉躍居手機產業的王者。

　　在有線網路引導的商業模式發展漸趨成熟後，無線網路帶來新的商機，需求隨之興起。蘋果推出結合無線網路的智慧型手機 iPhone，將其定位為雲端機，積極研發可驅動並整合蘋果終端產品與雲端商店的軟體 iTunes，並建立以娛樂、購物為主

題的多媒體內容商店 iStore，開創潛力無窮的手遊商機，徹底翻轉手機產業的結構；迄今，蘋果仍執手機產業之牛耳，亦建立起智慧型手機產業「雲端落地」的商業模式。

早年，在個人電腦尚未普及前，影印機是企業辦公不可或缺的設備，卻也因是昂貴的奢侈品，大多數中、小企業只買得起一台影印機。在影印機前時常可見各部門員工大排長龍，等待時間遠遠超過影印時間，嚴重影響工作效率。

在一九八〇年，被譽為影印機產業一代天驕的全錄（Xerox），在屢屢遭到客訴、派出客服團隊觀察、研究影印機消費者的使用行為後，仍採用慣性思維不願改弦易轍；在呈給總部的報告中，建議研發更大、更貴、更快、更複雜的影印機，方可解決排隊影印的問題。然而，全錄雖不斷精進影印技術、加快影印速度，卻仍然無法根絕客戶的抱怨。

一九八五年，準備進軍影印機市場的佳能（Canon），派員進行市場調查，並用逆向思維觀察使用者的行為後得出與全錄截然不同的結論：大多數人通常只影印數頁資料，影印機前出現人龍，並非影印機影印速度太慢，而是影印機功能過於精密、複雜，每位使用者操作時間過長，當機亦屢有所聞。

於是，佳能研發功能簡易但價格相對低廉的機種，只要稍具規模的企業，每個部門都可添購一台，影印機前排隊人龍長度立即大幅縮減。不出幾年，佳能影印機市占率便超越全錄稱雄影印機產業。

至於無線上網生態系統大戰，則是後資訊時代最引人注目的產業典範戰爭。無線上網確定成為資訊、通訊產業趨勢，所

有資訊、通訊巨擘紛紛以慣性思維投入；唯有蘋果雖非技術原創者，卻利用逆向思維改寫無線上網典範，迄今亦唯有蘋果可全面稱霸雲端、終端，令競爭對手望塵莫及。

▶個人工作的典範轉移

在個人上，我任職摩托羅拉的 FSRAM 事業部全球總經理時，便曾應用典範轉移模式度過新官上任的磨合期，並帶領部門業績從谷底直衝雲霄。

在晉升 FSRAM 事業部全球總經理之前，我的職位為摩托羅拉的技術副總裁，僅負責工程部門，只需對一位上司負責，此時我的上司便是我唯一的客戶，工作相對單純；但在升職後，直接面對的上司約五人，還得管轄人事、行銷、業務等部門，更得直接面對客戶，接觸的人、事、物，皆更為繁雜，初期頗感棘手，且屢有治絲益棼之嘆。當時的我並未認知到，升職意謂著我的客戶群，質與量與往昔大異其趣。

剛接手 FSRAM 事業部全球總經理的我，仍以慣性思維的技術本位待人、接物、治事，不懂因時制宜，於是處處碰壁、深感挫折。例如，半導體產品上市前都得歷經封裝、測試，不同的封裝就得應用不同的測試設備，只要差之毫釐便失之千里，影響利潤甚巨；前三個月我可說隨時事事問，但由於其為高度專業，常感力不從心，幾乎影響到我的精神狀況。

最後，我接受了上司的建議，決定增聘一位相關領域的專家，協助我管理生產線，才讓我的工作步上軌道，可以騰挪

出手腳、時間以逆向思維重新擬定 FSRAM 事業部之方向、重心，方有機會在電腦產業潮流交替之際，隨著新浪潮快速攀登顛峰。

創業，
一生中最糟也是最好的決定

一個未曾失敗過的人生，就不算是完整、美好的

人生。

● ● ● ● ● ● ● ● ● ● ● ● ●

二〇〇二年底我辭去摩托羅拉手機部亞洲總裁，並於二

〇〇三年初在上海創辦「上海毅仁」（E28），擔任董事長暨

CEO。在大陸創業，堪稱我一生最糟糕但也是最好的決定。

創立 E28 為什麼是我一生中最糟糕的決定？

因為在創立 E28 之前，從求學到就業雖曾遭遇許多艱

難，但終究都可化險為夷轉敗為勝，堪稱一帆風順；創業前我

未曾嘗過真正的失敗，所以 E28 的接連失利讓我措手不及、

挫折不已。

以前，即使再大的危機、挑戰橫在眼前，至多兩年便可克

服；但創業後卻非如此，總是屢戰屢敗，不但我自己難以相

信，也讓追隨我的朋友、部屬深感失望，陸續有人掛冠求去。

許多朋友、部屬也因為相信我的理想，辭去原有的工作加入

E28。沒想到 E28 成立之後卻接連遭遇十次失敗。

創立 E28 為什麼是我一生中最好的決定？

E28 雖然連番失敗，最後仍以成功收場，為大陸某知名大型企業收購；其次，此次創業經驗，讓我對人生、職場有了全新、更平衡、更完善的見解，我的人生上半場是以追求職場上的成就為目的，人生中場是在創業中度過；在這中場的靈裡操練，讓我經歷到神，讓我發現人生的真正意義與人生下半場的新目標——成為一個社會貢獻者。

▶創業前萬事皆備

一九九五年就任摩托羅拉手機部亞洲總裁，到二○○二年辭職，此段經歷占據人生七年的光陰。當我離職時，部門營收從就任時的兩億美元成長至四十億美元，更全權負責亞洲區的手機銷售，與亞洲的自主研發、生產與行銷，更在北京、韓國、日本、新加坡建立手機研發中心，研發出第一款中文智慧型手機，天津更成為摩托羅拉唯一的手機生產基地。

二○○○年至二○○二年，在摩托羅拉營運最艱辛的三年，我帶領的部門更貢獻全球總公司的大部分盈餘。在大中華區摩托羅拉手機市占率攀至第一，勝過第二名的廠商超過百分之十；負責研發的 CDMA 手機，銷售量更領先其他廠商，市占率亦高居首位。

更重要的是，此部門為摩托羅拉引進並培養眾多亞洲在地菁英，在研發、生產、行銷、財務、人事等領域皆大放光彩、貢獻卓著；並在亞洲各國建立起多面向的合作關係，開創手機廠商 ODM 的商業模式，更深入探索雲端對終端的技術與商業

模式。

此時，在他人眼中我堪稱功成名就，但我卻無法以此自滿，甚至對未來感到茫然。因為，熱愛實務工作的我深知，倘若留在原職很難再創造突破性的功績；若獲得拔擢職銜再上層樓，雖位更高、權更重，但可能就此遠離實務不再面對產品，不必再思索創新、商業模式，卻得面對媒體與華爾街投資者，鎮日接觸商場權術，這與我的志趣完全悖離。

我在摩托羅拉已位居要津，倘若不離職，還可望繼續向上升遷；縱使不升遷，原來職位已令人豔羨、亦可安居直至退休，實不必冒險離職、創業，且一切得從零開始，成敗未卜、風險難測。

但在國際大企業中，職位升得越高距離實務越遠，這和我的個性相違；加上我深信無線上網將是資訊、通訊產業未來的主流趨勢，此時若自立門戶，有機會在雲端、終端領域占有一席之地。

自投入職場以來，我一直站在英特爾、摩托羅拉等企業巨擘的肩膀上，有著強大的後援；不免偶思：若無強大後援下的我，是否仍可創下佳績？當我領悟到無線上網將是資訊、通訊產業的主流，我彷彿看到一線曙光，終於決定放手一搏自行創業，當一位市場的挑戰者。

決定創業後，在一次巧遇和同為師大附中實驗班、事業有成的同班好友重逢。從初中到高中我與他同班六年；此次聚首暢談數個小時，決定攜手合作共同創業；於是決定以我們班級的班名——實驗二十八班——將新創的公司命名為 E28。

　　選擇在上海創立 E28，原因有二，除了要和摩托羅拉位於北京的總部劃清界限之外，創業夥伴主要事業的大陸總部亦設在上海。

　　E28 成立之初，不僅資金充足，公司願景明確、宏偉——定位為大陸第一家的智慧型手機品牌公司，招納了眾多資、通訊產業優秀人才，且在資訊與通訊產業的上、中、下游皆有資源雄厚、實力堅強的協力廠商，看似前程似錦。

　　我在 E28 創立之前便已擘劃完整且縝密的教戰手冊。我堅信未來的社會必將是無線上網暢通無阻的社會，人們希望在任何時間、任何地點都可迅速地接收、傳輸個人化資訊，沒有地方是收訊死角，亦無網路切換困擾，且不因移動而受限，並期待擁有一支可呼應所有需求的智慧型手機。

　　若要無線上網暢通無阻，強化手機、平板電腦等智慧型終端機，與雲端上豐富多媒體內容，皆不可或缺。E28 的願景為讓移動資訊（data）與語音（voice）完美結合，促使無線上網更普遍、更優質、更迅速，為移動互連網社會的促進者，使命則是提供技術領先群倫的開放原始碼（open source），及與智慧終端機相關的解決方案。

　　E28 同仁依據願景、使命，打造多媒體內容、智慧型終端機、固網與無線網路的軟體與硬體平台，並擬定企業策略，主要有三大重點：

　　一、掌握雲端對終端的技術需求，特別是掌握智慧型手機的技術；

　　二、掌握開放原始碼操作系統的軟體操作系統，尤其是

Linux 軟體技術；

三、掌握固網與無線網路融合生態系統技術。

▶ E28 的挫折與失敗

E28 創業前的準備雖然周全、齊備，但開始營運後卻未立即鴻圖大展，反倒是一連串的失利、虧損。E28 剛成立時同仁無不士氣高昂，研發部門努力開發新產品，行銷部門亦快速找到代理商，看似順風順水、希望無窮；但日後觀之，教戰手冊是必須的，但與實際市場及運營仍有差距。

從二〇〇二年到二〇〇七年，E28 接連推出多款智慧型手機，或未受消費者青睞，或遭受山寨機襲擊，公司遭受巨額虧損，公司上下人心惶惶。

二〇〇八年下半年，全球金融海嘯爆發，企業幾乎無一不遭到波及，E28 自不例外，在二〇〇九年時被迫資遣約一半的員工。

在這段時期，無論白天、夜晚、周末，E28 同仁都在開會，但會議開得越多士氣卻越低沉、爭執日益尖銳，高階主管陸續離職；龐大的資金缺口讓我寢食難安，只得將辦公室從上海精華區搬遷至郊區，但公司定位亦多番轉折，但次次實驗皆以失敗告終，但我們從未放棄中斷過，一次次將新產品推向市場。

挺過金融海嘯後 E28 卻未否極泰來。從二〇〇九年到二〇一二年，E28 雖相繼推出智慧型電腦、智慧型手機等產品，

銷售成績皆與預估值差距甚大。據我估計，E28 自創立以後一連遭遇過十次重大挫折，若以成功為 10 分來相比，每一次的失利都是在做到 9.8 或 9.9 時，因為某件突發事件過不去而告終。

我從 E28 一連串失利中，整理、歸納出六大原因，約略解釋於下：

一、超前時代太遠：E28 創立時便致力開拓無線上網雲端對終端的產品相關業務，但由於技術過於領先，超前當時大陸市場的無線上網技術約兩年的距離，無法顯現領先競爭產品的優點。

二、嚴重水土不服：在創業之前，我與 E28 諸多高階主管皆任職於國際級大企業；運營管理皆以美式文化價值體系為主，在大陸的小企業與跨國大企業營運之道截然不同，導致 E28 嚴重水土不服。

三、戰線拉得過長：E28 以成為大陸第一家智慧型手機品牌公司為目標，但此目標過於高遠，戰線拉得過長，超過公司能力所能負荷。

四、人才選擇失策：新創公司應選擇適合創業的員工，而非最好的員工，適合創業的員工方有犧牲奉獻的心理準備，否則很難甘之如飴。但 E28 創立之初員工多來自國際級大企業，不僅同質性過高，無法激發突破性的解決方案，更難以適應小型企業的工作環境。

五、幹部相互掣肘：E28 的軟體、硬體、行銷、業務部門主管，原都是國際級大企業的菁英，行事作風皆強勢，個個都

想主導公司營運，原本以為一舉成功後可大展鴻圖，各有發展空間；但幾次失利後士氣低落，奢談集思廣益精誠合作，彼此更相互掣肘，競爭力大打折扣。

六、誤入談判陷阱：在若干商務談判中，E28 代表誤入談判陷阱，契約規範未盡周延，致使公司蒙受巨大損失。

雖然歷經多次失敗，但 E28 卻累積了豐厚的無形資產——技術能力，終於以被知名大型企業收購，劃上令人欣慰的句點。

回顧此次創業，有數次已幾近放棄，但憑著堅定的信念、信仰，方能撐過多年的掙扎、煎熬，增加諸多昔日未曾經歷的人生體驗，並找到人生下半場的志業，使得我的人生更完整、美好。

【魄力】動動腦・操練題

A. 操練題：未雨綢繆，提高應變能力

我們在旅行當中隨時都會遇到突發狀況，但當時當地要保持正面思考，因為這就是學習提高應變能力的時候。在計畫下一次旅行時，做好詳細研究，設想可能遇到的情況，準備好所需裝備，以面對路途上充滿的不確定因素和突發事件。

B. 操練題：靜中得力

每天早上起床梳洗之後，嘗試安靜自己的心，拋開干擾，訓練專注的心念，做好一天的計畫。

C. 操練題：主動進攻，化危機為轉機

若在目前的工作中遇到了難題或困境，想想自己採取的方法是否只是在東補西貼、被動改變，只顧短期利益？請嘗試完全放掉已有的模式，重新評估與定位，設計出能帶來根本性改變的全新模式。

D. 操練題：贏在拐點

1. 如果你的職場生涯現在走到一個瓶頸，有可能這就是你的一個拐點。在這個時刻，請先傾聽內心的聲音，想想你現在從事的事業是否是你的熱情所在。

2. 嘗試運用與他人不同的策略來處理危機。

E. 操練題：掌握情況領導力

　　若你是一位每天都要進行多項任務的領導、主管或經理，請寫下你對每一項任務所採取的領導風格，若它們都相同，請按照本章所講的四大領導風格，重新確定每一項任務所該採取的風格並實施。

F. 操練題：情感延遲滿足

　　當工作已盡百分之八十之力的時候，你是否認為就足夠了，可以交上去然後享受完成任務的喜悅？還是你要盡到百分之百之力後再去滿足自己的成就感？

G. 操練題：管理客戶變化

　　老闆也是我們的客戶之一。如果你的公司進行重組，使你匯報的老闆階梯及結構發生變化，你是否還是按部就班地運用以前的方式來服務你的客戶？還是根據實際情況，實施變通呢？

H. 操練題：經歷失敗是成長的良藥

　　回想一下你是否有過失敗的經歷？若沒有，想想原因，是否是因為你一直安於舒適圈裡面，已經很久沒有接受任何挑戰了；或是你一遇到困難就縮頭，從沒有去真正解決問題；或是你沒有按你心所想去實踐夢想，對所做之事無動於衷？

Part

5

德力
贏得他人的信任

做一個有作為的人

想要改變世界之前，得先改變自己。

● ● ● ● ● ● ● ● ● ● ● ● ● ●

　　在可見的未來，全球貧富差距將日益擴大；如果自甘平凡，恐怕連小康生活亦不可得，甚至終生無法脫離貧困。因此，我常奉勸後進一定得力爭上游，立志成為各行各業的頂尖人物；若想出類拔萃鶴立雞群，就得先做好職涯規畫，無論在職涯的哪一個階段，上行之路皆得始於改變自己。

　　職人一定得認清真實的世界，兩成的人掌握世界八成的財富，另八成的人卻僅擁有世界兩成的財富。兩成的人懂得用頭腦做事、賺錢，選擇開創事業、支配他人，尋覓優秀的員工，買他們的時間，讓他們為自己賺進更多財富，善於以筆記記錄心得、新知，運用檔案節省時間、精力，相信實務經驗勝於資格、有行動方有收穫，培養高 XQ、願意改變自己，懂得適時鼓勵、讚美他人。

　　更重要的是，他們即使遭遇挫折，依然可正面思考、放眼未來，面對困難時想方設法解決，並堅持到底絕不退縮。

▶鍛鍊五種能力

被譽為史上最偉大科學家的愛因斯坦曾言:「想像力遠比知識更重要。」知識有時反而是障礙,將人的能力限制於已知及眼前,但想像力卻能釋放人的能力,獲得超越知識、時空到無限的未來。

許多人誤以為,頂尖人物的創造力源自於基因遺傳,以為他們天生就高人一等,可駕輕就熟地輕鬆掌握一切。殊不知他們亦是凡夫俗子,不同的是他們勇敢地為夢想而活,即使連親友都不看好,依然努力朝著夢想前進;其創造力多半來自於後天的努力,他們從不間斷地學習新事物、迎接新挑戰,不斷去學會做困難的事。

若想成為頂尖人物,就得學習頂尖人物的思維、態度、行事方法,否則恐將終生庸庸碌碌,難以出人頭地。如何才能成為頂尖人物呢?我認為應具備本書論述的五力:眼力、魅力、動力、魄力、德力,而且培養這五力是一生的過程,不進則退。

但在職場,猶如一場永無止盡的淘汰賽,厚植五力,就得深化並培養知識、身體、情感、心靈與綜合能力的競爭優勢,不斷學習新知、改變自己,方可突破一個又一個關卡;而且,職場的關卡總是越來越困難,甚至難以預見;雖奔馳在職場上的坦途,仍不可鬆懈、大意,因為隨時可能遭遇更艱難的關卡。同時,也要明白:**失敗與成功不是一個結果,而是一個過程,任何成功者在最終成功前必遭失敗的。**

　　根據我的職場經驗，在職場的前半場，主要憑恃的是自身的能力，常常得單打獨鬥，追求的目標是事業、生活的成功；但到了職場的後半場，就得仰仗昔日累積、沉澱的經驗，還得尋求他人襄助，以補足自己的弱點，追求的目標則轉為生命的目的與意義。

　　印度聖雄甘地（Mohandas Karamchand Gandhi）宣揚不合作運動，帶領印度脫離英國殖民統治，美國非裔人權領袖馬丁・路德・金恩，致力以非暴力的方法，提升美國有色族群的地位。兩人改變歷史的關鍵，便在於練就不斷改變自己的五力，終於實踐了他人遙不可及的夢想。

　　這五力可將不可能化為可能，成就豐功偉業；但務必認清，想要改變世界之前，得先改變自己。有個寓言道盡了轉念的改變作用。

　　很久之前，有位國王相當關心子民的生活，常常微服私訪；一次，他在某個偏鄉行走，路上盡是大大小小的石頭，刺得他的腳疼痛不堪；當時，幾乎所有人都赤腳走路。

　　國王回到王宮後，為了讓人民行得安全、行得舒適，下令全國所有道路都得鋪設一層牛皮來（改變世界）。國王此舉出於善意，但就算殺光全國所有的牛，亦無法鋪滿所有道路，不僅勞民傷財，更將重創國家農業，恐將民怨沸騰、後患無窮。

　　為了讓國王收回成命，一位聰明的大臣獻上一雙牛皮鞋給國王，與其殺牛剝皮鋪路，還不如以牛皮製鞋給國王，當可節省可觀的牛皮。國王一聽覺得甚有道理，親身試驗過後，於

是改變了自己的想法，立刻撤銷之前的命令（改變自己）；既免除眾多牛隻生靈塗炭，又讓自己徹底解決在石地上走路的問題。

▶擬訂職涯規畫有助成功

但想成為頂尖人物，光鍛鍊自身能力仍猶為不足；若可用心擬訂職涯規畫，更有助於超越凡俗。當然，未曾擬定職涯規畫不一定不會成功，但機會卻小得多；例如，我在大學、研究所時代對未來懵懵懂懂，遑論職涯規畫。但今日思之，若能即時擬定職涯規畫，並在不同職涯階段調整、修正職涯規畫，不必摸著石頭過河，闖蕩職涯必將更從容、更具信心。

簡略地說，職場上的職銜雖玲瓏滿目、無奇不有，大致可歸類為「**專業者**」（individual contributor）、「**管理者**」（manager）、「**領導者**」（leader）三種角色。

專業者在職場立足，唯一的靠山是自身的**專業能力**，主要工作為**執行業務**；想躋身卓越超群的專業者，要善用天生的本能與後天的專業知識與經驗相配合，可能的職業包括學者、老師、藝術家、運動員、設計師、工程師、業務員、銷售員等等；若以籃球隊來比擬，有**如隊中的射手**。

若無堅毅卓絕的**執行力**，就難以成為一個優秀的管理者，主要工作為**管理業務與團隊**。若要成為出色的管理者，除了強化專業知識、經驗，還得提升個人魅力，激勵部屬和同仁尋找更強烈的動力，並做出最合適的抉擇判斷；可能的職業包括各

級經理人、總監、總裁等；**是籃球隊的隊長。**

　　在職場上，領導者最寶貴的是領導力，主要工作是**管理改變**。若要蛻變為一個眾人景仰的領導者，除了強化專業知識、經驗，更得進一步鍛鍊**眼力、魄力**，以更銳利的眼力以制定企業方向，鍛鍊更果敢的魄力以因應種種可能的變局；可能的職位包括執行長、總經理、董事長、企業家、創業者等，皆必須獨當一面、運籌帷幄；**是籃球隊的教練。**

　　然而，每個人的能力、個性皆不同，應根據個人條件、意見，選擇自己最適合的角色，強求不得。我特別強調，並非當上領導者才算成功者；即使是專業者、管理者亦有機會攀上職涯顛峰。

▶受人尊敬勝於受人喜愛

　　無論在職場上擔任何種角色，我皆深信，贏得他人的尊敬比獲得他們的喜愛更為重要；在職場奮鬥的終極目標不應只有財富、權勢，還應包括他人的尊敬。不過，東方、西方文化大異其趣，在若干面向東方仍得向西方多多學習、借鏡。在西方，某個人普受尊重是因為他的人格或所做的事（what you do），但在東方，某個人受到尊重卻是因為他的背景或職銜（who you are）。

　　然而，西方的尊敬是真尊敬，發自肺腑表裡如一；但東方的尊敬卻常是假尊敬，源自於對權力的畏懼，言不由衷表裡不一。真尊敬無法強求，買不到逼不得，職人想獲得他人真正的

尊敬，唯一的方法就是放下自己的權威。

　　尊敬亦非來自於緊密的人際關係，許多職人耗費可觀的時間交際應酬，雖深受同儕客戶喜愛，卻贏不了尊敬。在職場上，經營人際關係應信守刺蝟法則，與他人維持良好互動，但不遠不近不卑不亢，將大部分心力放在做事上，且不可混淆公私領域的人際關係。

　　所謂刺蝟法則，指在寒冷的冬天，兩隻又困又倦的刺蝟為了相互取暖而相擁而眠，但因為彼此渾身皆是刺，抱了一會兒後便疼痛得必須分開；分開一陣子後卻又冷到受不了，只好又抱在一起。幾經周折，兩隻刺蝟終於找到合適的距離，可相互取暖又不至於被對方的刺所傷！

　　刺蝟法則即心理距離法則，管理者、領導者更得深諳此法則，方可不陷溺於人際關係，導致所有努力功虧一簣，又不至於稱孤道寡，關鍵時刻無人應援。管理者、領導者應與部屬保持適當距離，既不可高高在上又不可隨便與部屬稱兄道弟，否則皆難以發揮最大戰力。

蛻變的製造者——領導人

領導者，就是很糟情況下的翻盤手。

● ● ● ● ● ● ● ● ● ● ● ● ● ● ●

在電子、影視、體育等諸多產業，美國企業皆執全球之牛耳，關鍵在於美國卓越的教育體制，不僅為企業培養眾多領導人才，更激勵畢業生自行創業，使其生生不息、體質強健。

美國並無聯考制度，各大學皆獨立招生，每所學校篩選學生的原則亦不盡相同。但知名大學選擇學生的標準作業流程卻大同小異：

一、根據該校在學術界的位階或名氣，制定錄取的最低在校成績，與 SAT（Scholastic Aptitude Test，美國高考）最低成績。

二、申請入學的高中生得撰寫一份詳盡的個人介紹，內容包括申請該校、該系的原因，與家庭狀況、興趣、嗜好，及高中時代的特殊事蹟、特殊貢獻與特殊才藝等等；特別的是，還有課外活動的經驗與領導事蹟，與從事公益活動的記錄。

▶影響他人，共同完成不尋常事功者

　　美國的大學最愛個性與校風相若、綜合能力較強的學生，而非智育成績最突出的學生，更落實五育並重的精神，德育、智育、體育、群育、美育無一偏廢。

　　美國一家大型企業曾進行內部調查，研究高階經理人與其大學時期表現的關聯，發現職人是否可晉階至高階經理人，與其就讀哪間大學、哪個科系幾乎毫無關聯；與在校成績高低只有中度相關，但與課外活動活躍與否卻是完全相關。

　　綜合能力包括 EQ、專注力、團隊精神、毅力與耐力等，課外活動正是培養綜合能力的最佳戰場。課外活動範疇甚廣，包括參與學生社團、體育校隊，或代表學校參與校際的運動、音樂、科技、藝術、棋牌、辯論等競賽。此份研究報告指出，若能在團隊中擔任領導職且表現傑出，畢業後多半可在職場上出人頭地。

　　領導者甚難培養，難以有計畫地、有系統地量化培養，導致許多人誤以為領導力是天生的。東方教育體系過度強調智育成績，德育、體育、群育、美育課程甚少，只能養成專業者，學生綜合能力潛能遭壓抑，領導人才遠少於西方社會。

　　我就讀交通大學時，擔任籃球校隊隊長；因為投注諸多時間、精力在籃球校隊上，花在讀書的時間比同學少許多，常常蠟燭兩頭燒。正因如此，讓我學會如何時間管理、待人接物，對我日後踏入職場助益甚大，亦幫助我領悟扭轉五力。

　　在職場上，並非人人都適合當領導者，而且，並非僅有領

導者需具備領導力，想成為出色的管理者、專業者，以及圓滿的人生，領導力是不可或缺的。我特別強調，經過嚴謹的學習、訓練，人人都可提升領導力，使其生涯、職涯更加順暢。

只是，領導力的學習、訓練知易行難，唯有身體力行方可領略箇中三昧；且其學習、鍛鍊並無終點，猶如逆水行舟不進則退，過程備極艱辛。雖然許多人豔羨領導者的地位、權勢、財富，並立志成為領導者，卻不願吃苦亦不願承擔責任；於是，終其職涯皆與領導者無緣。

然而，在多元開放、快速全球化的今日，如何才能成為一位卓越的領導者？

何謂領導者，在我看來其定義為「可影響他人，以共同完成不尋常事功者」，必備能力為扭轉五力——即眼力、魅力、動力、魄力、德力。

若針對領導者的定義說文解字，其已涵蓋扭轉五力。**影響**包括感召、激勵，感召源自於**德力**，激勵源自於**魅力**，**完成**等同於執行，源自於**動力**，敢向**不尋常**挑戰者，必定膽識過人，而膽識必源自於**魄力**，方向正確方可成就**事功**，唯**眼力**非凡者能為之。

完成一件普通的事並不一定需要領導者，但若要完成一件不尋常的事功就得仰仗卓越領導者帶領。有領導者必有追隨者，領導者必須與追隨者分工、合作，並帶領追隨者前進以完成不尋常之事功。最理想的分工、合作模式，並非命令、威脅、利誘，而是運用影響力，讓追隨者心悅誠服地付出、奉獻、犧牲。

　　在此必須特別澄清，不尋常事功不一定是驚天動地的大事；只要是改變家庭、社區、企業、社會、國家方向的事，即可歸類於此。例如，父母若能教養出不平凡的子女，其對社會有卓越貢獻，亦可稱為不尋常的事功；亦是領導力的展現。

▶扭轉五力讓生涯、職涯更順利

　　領導者應有超凡的眼力，可向追隨者清楚地說明願景、帶領追隨者朝向願景前進；有讓不同專業優秀人才願意追隨的魅力，讓他們願意竭盡心力，為實現願景而奮鬥；有堅持執行直至達成目標的動力，並制定一套詳盡、可行的計畫，與面對、處理危機的魄力。

　　擁有眼力、魅力、動力、魄力，仍猶有不足，德力有時是最關鍵的領導力。倘若欲完成的不尋常事功較具爭議性，領導者得具備讓追隨者高度信任的德力，並學會適時妥協，並堅守道德底線。

■眼力：見所未見

　　微軟創始人之一的比爾‧蓋茲，迄今仍是全球首富。就讀哈佛大學的比爾‧蓋茲，還沒畢業就決定創業；創立微軟時，他的信念是銷售電腦軟體，但當時仍處於大型電腦時代，電腦產業硬體方是主流，軟體僅是購買硬體時的附贈品，根本無人願意付費購買軟體。

　　創業之後，比爾‧蓋茲雖屢屢碰壁卻不改其志。不久，蘋

果掀起了個人電腦風潮，原本的電腦產業霸主 IBM 為了防堵蘋果壟斷個人電腦市場，決定與微軟合作，在其推出的個人電腦搭配微軟的軟體系統，此舉讓微軟快速崛起，成為全球軟體產業的龍頭。

賈伯斯則是不僅帶領蘋果開創個人電腦時代，在歷經被放逐、回歸重掌大權後，再度帶領蘋果稱霸無線上網時代。比爾·蓋茲、賈伯斯與諸多科技產業領導人，皆能見他人所未見，發現未來產業趨勢，其眼力自是不同凡響。

想成為卓越的領導者，就得鍛鍊過人的眼力。眼力除了見他人所未見，還包括長遠的想像、思考能力，想法、不墨守成規的作法，勇於挑戰傳統思維模式，並有追尋、實踐內心夢想的熱情，不肯向現實低頭、妥協，所作所為顛覆一般人的想像。卓越的領導者為追隨者訂定共同願景，讓追隨者知曉為何而戰，並帶領追隨者進入新的境界，為家庭、企業、社會、國家做出重大貢獻。

■魅力：將心比心

赤壁之戰，曹操率領的大軍，遭孫、劉聯軍擊潰，內部交相指責幾近分崩離析；曹操憑藉個人魅力激勵眾將士重新振作，快速從戰敗中站起。曹操不僅控管自己的情緒，還可鼓舞士氣、凝聚戰力，充分彰顯卓越領導者的魅力。

魅力指可激勵他人的能力，一個卓越領導者當與追隨者榮辱與共，並可激發追隨者的潛能，讓烏合之眾蛻變為精銳雄師，令追隨者無怨無悔地全力以赴，擁有多領域的堅實盟友，

願意在危難時挺身相助。

■動力：行所未行

　　在一場戰爭中，一支部隊在叢林裡迷失方向，指揮官在審度情況後，決定全軍向一座大山前進，在偵測與大山的確切距離，同時考量存糧數量，制定縝密的行軍進度。之後數十天，雖遭遇諸多不可測的風險，被迫隨機進行調整，但指揮官仍要求全軍達成既定進度；最後，比預定的目標提早兩日脫困。

　　一個卓越的領導者，高執行力的前提應是，合理、有條不紊地分派任務，並充分授權，讓每一個追隨者皆可貢獻所長，充分理解各項應辦事務的輕重緩急；在不確定的狀況下快速做出正確的判斷，應變、適應能力極強，並找出克服難關的策略，並視情況變化而調整策略，不達目標絕不終止。

■魄力：勇者不懼

　　被譽為籃球大帝的喬丹，曾帶領芝加哥公牛隊奪得六次NBA冠軍；在決定勝負的關鍵時刻，喬丹屢屢隻手扭轉戰局，其臨危不亂的膽識，迄今尚無籃球員可與之相提並論。膽識即魄力，一個卓越的領導者在面對突發不可預測的情況，唯有憑藉過人的魄力，方可超越、克服種種難關。

　　有魄力的領導者應具冒險精神，積極主動挑戰目標、願景，不僅帶頭執行，並承擔一切批評、風險，連非自己職責的事務也一併攬在肩上；當無人敢向前行時，得身先士卒、無所畏懼，不僅擇善固執、堅守立場，在最困難的時刻有破釜沉舟

的決心，更願意挑起最艱鉅的任務。

■德力：德行天下

孫文與眾多革命志士歷經九次起義失敗，終於武昌起義後推翻滿清、建立民國；為了平息權位爭鬥，他決定辭去總統一職，但繼續為理念奮戰，其德力感召了無數的跟隨者。

在此，我得特別澄清，德力並非是超越凡俗的道德標準，而是完成不尋常事功不可或缺的能力之一。今日，企業爾虞我詐、相互欺騙，擁有德力的領導者言出必行、堅守誠信，不因個人私利而改變處事原則，更容易在眾多競爭者中脫穎而出；雖然可能在短期內吃虧，卻可贏得他人長期的信任。

值得一提的是，擁有德力的領導者寬宏大量、相信他人、正派行事，原諒部屬的錯誤，不記恨往昔的敵人，所作所為皆為了整體利益、目標，而非圖謀個人私利；於是，即使遭遇挫折，卻總可得到貴人相助，躋身卓越領導者的行列。

▶主動、被動決定卓越、平庸

卓越領導者與平庸領導者的根本差異，在於前者積極主動後者消極被動。卓越領導者總是向前看，敢於想像創新、突破常規，具冒險精神，且願主動出擊，重視基本原則，不拘泥於細節；懂得激勵夥伴的內心，受人尊重是因為其品格、行事，而非其職銜。

更重要的是，卓越領導者用人所長，亦能容人所短，善於

帶領、引導追隨者，面對問題時，願意從根本解決錯誤，以「我們」為發言的主詞，**更樂意協助追隨者成長、茁壯，成為另一個領導者。**

　　平庸領導者則希望維持現狀，墨守成規、拒絕變化、不願冒險，事到臨頭才被迫因應，只願給予部屬表面的激勵，依賴職位的權威，迫使部屬畏懼、奉命行事；害怕比自己能力更強的部屬，時時防堵處處刁難，甚至陰謀陷害，以高壓管制部屬，以「我」為發言主詞，**企圖將所有人都變成其追隨者。**

　　領導的至終衡量是：卓越的領導者，能將追隨者轉變為領導者；而平庸的領導者，則是將原本具有潛力的領導者轉變為跟隨者。

在大敗局中昂然挺立的力量

　　創立一家成功的企業，在職場上建立良好信譽，
皆非三年五載之功可成；但失去誠信，再成功的企
業、再有成就的職人，都可能毀於一旦。

● ● ● ● ● ● ● ● ● ● ● ● ●

　　近年來，我對全球經濟發展的遠景越來越悲觀。因為，已
開發國家人口老化速度驚人，長期推動全球經濟成長的人口
紅利幾已消失殆盡；全球金融海嘯以降，世界各國紛紛施行貨
幣寬鬆政策，許多亮眼的經濟數據根本是華而不實的泡沫，在
可見的未來勢必將一一破滅；套用財經作家吳曉波的暢銷書書
名，全球經濟的未來很可能是「大敗局」。

　　在許多國家經濟看似欣欣向榮，但房地產價格已遠遠超過
一般消費者所能負擔，普羅大眾生活反倒日益窮困，失業率逐
年攀升。除此，世界各國的貧富差距越來越大，財富越來越集
中於少數人；越來越多富豪無心擴張事業，反倒熱中資本投機
炒作，導致諸多企業不再重視誠信，雖然短時間獲利斐然，但
時日一長必遭消費者唾棄，營運注定江河日下。

　　若想在「大敗局」中昂然挺立，對抗日益惡劣的職場、產

業環境，就得培養與實踐眼力、魅力、動力、魄力、德力等扭轉五力；雖然世局紛亂卻能屹立不搖，甚至逆勢上行。假使，越來越多職人、企業學習並實踐扭轉五力，就可匯集眾人的力量，阻擋職場、產業環境向下沉淪的速度，甚至可能扭轉「大敗局」。

▶誠信企業是德力的展現

一家企業從成功到失敗，撇除人謀不臧、派系鬥爭等因素，主要原因不外乎企業主或高階經理人判斷錯誤、不懂得因應情勢變化，與不守誠信。

任何人都會犯錯，即使經驗豐富、小心謹慎者都難免出錯；經驗不足、思慮不周、信心大於能力者更易判斷錯誤。而且，是傲慢無知的人才會相信自己不會出錯，但實際上他們判斷屢屢出錯，只是不願承認或將責任推卸給他人罷了。

企業主或高階經理人，常發生於三個面向的判斷錯誤，試簡述如下：

一、**誤判商機**：未能全盤掌握產業趨勢，或錯估、高估自家企業實力，導致誤判商機；關鍵在**眼力**欠佳。

二、**應對失策**：無法招募或留住優秀人才，對關鍵客戶、協力廠商的應對失策，導致合作關係破裂，甚至終止；關鍵在缺乏**魅力**。

三、**執行不力**：關鍵產品的研發、生產進度過慢，或未能即時覓得目標客戶，或未發想出可穩定獲利的商業模式，導致

巨額虧損；關鍵在**動力**不足。

商場如戰場，同樣殘酷與瞬息萬變；創投界有句名言：「當商業計畫書的筆墨尚未乾，市場就已經改變了。」有時，經濟、產業趨勢突然轉向，有時產業標準、政府法規無預警地驟變，情勢頓時大不相同，讓企業主、高階經理人措手不及，導致判斷錯誤。

情勢快速變化，正考驗企業主、高階經理人的應變能力與是否能化危機為轉機。如果情勢極端惡劣，發現即使耗盡一切努力也無法挽回頹勢，有時得斷臂求生；但臂可斷頭不可斷，務必保留企業最具競爭力的部門、人才，先想方設法求生存，日後再圖謀東山再起。

不懂得因應情勢變化，關鍵在於缺乏**魄力**；不守誠信，關鍵則在於不重視**德力**。誠信猶如企業的地基，堅守誠信的企業在面對諸多「不誠信可獲得暴利」的誘惑中，依然深信有正當的解決途徑。

不守誠信的企業總為達目的而不擇手段，其常見手段包括說假話、走捷徑、占便宜、作假帳、拖欠款項等，持續欺騙客戶、強打不實廣告、不履行合約中的義務、拖延協力廠商款項、積欠員工薪資，更私下逃漏稅、竄改財務數字。縱使一時風光，但猶如將房子蓋在沙土上，沒有牢靠的地基，只要一陣狂風暴雨登時崩塌。

然而，越來越多企業不再重視誠信。部分企業認為追求成功應無所不用其極，視誠信如無物。部分企業雖標榜誠信，卻以其為空泛的理念，並未落實。部分企業雖將誠信寫進經營

守則中，卻陽奉陰違，視其為宣傳口號，說一套做一套。部分企業雖然堅守誠信，卻視其為犧牲，不認為誠信可帶來獲利。僅有少數企業奉誠信為核心價值，是與競爭對手區分策略的一環，更是企業長期成功的致勝法寶。

▶投機風險永遠大於投資風險

　　誠信雖是普世價值，但新興國家的企業卻普遍忽略誠信，雖然短期內在國內市場獲得巨大成功，卻無法贏得其他國家消費者的信賴，難以開拓國際市場、與國際級企業相互較量；其榮景看似雖好，但縱使規模再大卻是無法持久。

　　當這些企業攀上顛峰時，常被美化為國家的希望；一旦信用破產，衰亡的速度亦令人驚嘆。追根究柢，新興國家企業普遍缺乏誠信、人文關懷意識也低落，不注重企業倫理、企業文化，對法令、產業規範、社會價值觀亦無基本的尊重，這有違背企業長期營運的基本邏輯。

　　新興國家企業行銷產品時，極盡所能誇大其辭，藐視消費者智商，罔顧產業和市場既定的遊戲規則，對員工、競爭對手冷酷無情，成王敗寇的觀念根深柢固；與協力廠商溝通協調時動輒信口開河胡亂承諾，常「不按牌理出牌」，破壞市場秩序以獲利，久而久之漸無企業敢與之來往合作。縱使當下新興國家企業的規模遠遠超過前一代的企業，但其營運品質卻可能還遠遠不如上一代企業，遲早必敗。

　　熱中資本投機炒作的企業不愛平穩獲利，並相信有幸運之

神眷顧的豪賭，即使僥倖獲勝亦不願見好就收，一而再、再而三地豪賭；最後墮入萬劫不復的地步。除此之外，當這些企業營業額扶搖直上時，企業主、高階經理人容易志得意滿、不斷膨脹，於是不斷跨足與企業無涉的異業，漫無目的地進行購併，結果超過能力極限，最後終將以慘敗收場。

被譽為股神的華倫‧巴菲特（Warren Buffett）特別強調，無論何時、何地、何種情況下，投機的風險永遠大於投資。因為，投機企圖在短時間內賺取暴利，但一次失利就可能血本無歸、全盤皆輸；但投資只要堅定信念、堅守原則，縱使短期虧損，長期必將獲利，且可走得遠走得久。

新興國家企業若想與先進國家企業相抗衡，成為帶領時代潮流的主流力量，就得重建企業的道德秩序、重塑企業家的職業精神，才能在大敗局中昂然挺立。晚近，諸多曾叱吒風雲的企業皆已風流雲散，倖存的企業若仍未領悟到，若不以誠信為立業基石，勢必將被集體淘汰。

誠信經營，勿以惡小而為之

誠信並非更高的道德標準，而是讓個人、企業更
上層樓的關鍵能力。

●●●●●●●●●●●●●●●

在今日，職場的高度競爭下，能堅守誠信的職人已越來
越少，在股東只關注短期效益中，能堅守誠信的企業亦越來越
難。無法堅守誠信的職人、企業，或許可風光數年，卻無法躍
居為真正頂尖的職人、企業。

我曾先後任職於英特爾、摩托羅拉兩家國際級大企業，對
其企業文化永誌不忘。兩家跨國企業不僅技術領先，管理兼顧
效率與員工福利，更特別重視誠信，包括員工的操守；員工若
犯了其他錯誤不一定會遭到開除，但若不誠信或逾越道德的界
線，不但立即開除更追究法律責任，絕不寬貸、無一例外。

因此，我在大陸創立 E28，亦秉持誠信原則，將誠信視為
企業的核心價值，及提升企業競爭力的核心能力；即使身處逆
境亦堅守誠信從未曾動搖。最後證明我的堅持是正確的。

▶誠信比能力更重要

資質中上但正直、誠實的職人，在職場上的成就終將勝過資質卓越卻鑽營取巧、表裡不一者。一位事業有成的房地產仲介公司董事長，歸納其成功之道：「我一點也不特別，只是一個資質中等但賣力工作的老實人，但競爭對手皆不肯腳踏實地，想方設法占顧客的便宜。與他們相較，我反倒顯得與眾不同，業績蒸蒸日上，方有今日的成就。」

這位董事長初入職場時，在一家房仲公司擔任房地產經紀人。有次，他帶一對夫婦訪視物件，這對夫婦對此物件、價格皆頗為滿意；但誠實的他卻坦承不諱「此物件地基年久失修，購入後還得額外耗資強化地基」；在他吐實後原本有意購買這對夫婦決定放棄。即將成交的買賣最後卻失手，他慘遭房仲公司開除，只能再找其他的機會。

然而，這對夫婦卻為他的正直、誠實感動，仍委託他代為尋覓物件，並主動幫他介紹諸多客戶；不久後他便自行創業，堅持誠信經營，事業蒸蒸日上，終於成為房仲產業的巨擘。

在美國芝加哥有一座知名的電話形大樓，為 ADDC 公司總部所在。興建這座大樓的 ADDC 創辦人大衛，原生家庭經濟並不寬裕；就讀大學時，生活已相當拮据的他有次斷糧數日，迫不得已只好打公共電話向父母求援。沒想到母親語氣沉重地回覆，因為父親罹患重病，財務壓力沉重，無法提供任何資助。

掛斷電話後，大衛無助地在電話亭中啜泣，因為他可能被迫輟學。此時，公共電話突然不斷掉下硬幣；雖然生活有燃眉之急，但他幾經掙扎後撥了公司的服務電話告知此事。電話公司服務人員請示上級後認為，要派遣專人收取硬幣實不敷成本，決定將硬幣全數贈與給他。

靠著這些硬幣，大衛省吃儉用地撐到了暑假，終於可打工掙錢。他在應徵百貨公司倉儲工作時講述了此段往事；百貨公司主管讚賞他的正直、誠實，給予他雙倍的薪資。畢業後大衛創辦 ADDC，堅定地以誠信為企業核心價值，業績快速成長；於是他興建一座電話形大樓，紀念這個人生的轉捩點。

大多數成功的企業最珍貴的特質是誠信。誠信分為兩大面向：一是為人正直、誠實（integrity），指一個人言行一致、心口如一；二是做事信守承諾（trustworthy），尤其是金錢往來、商業往來，無不一言九鼎、千金不易。

對職人而言，信譽是最寶貴、必須好好珍惜的資產；建立良好的名聲得歷經長久的努力，但只要稍有不慎隨即毀於一旦。然而，在職場上時時處處充滿誘惑，堅守誠信定有吃虧上當之際，此時會有他人慫恿採取權宜之計，以便輕鬆脫困、脫穎而出或擊敗對手；不少人屈從誘惑背信棄義、鑽營取巧，但最後終是追悔莫及。

慫恿的人總愛說：「職場、商場即戰場，是人吃人狗咬狗的世界，你不這麼做別人也會這麼做，無毒不丈夫，好漢不吃眼前虧」，或是強調「這在職場、商場上是很平常的」。他們或

合理化背信棄義、鑽營取巧的行為，或自認不得已而為之。但無論競爭再激烈，這種心態或行為仍不可取。

其實，無論在生活、事業上，很可能因為堅守誠信喪失近在眼前的利益，或數次絕佳的商機、升遷的機會。然而，在數十年的生涯、職涯中，喪失些許利益、數次機會，損失微乎其微，但若為贏取這些利益機會而喪失了誠信，反倒是因小失大得不償失。

因為，無論職人、企業，若樹立起正直、誠實的聲譽，被他人、其他企業認為可信任的對象，更大的利益與更多的機會將自動尋上門來，完全不用煩惱。且面由心生，只要在職場歷練一定時間，便可一眼辨認一個人是否正直誠實，是否安全可靠；與正直誠實的人打交道，完全不用揣摩猜測，防備他別有企圖。

許多人誤以為，若非心機過人、運氣過人，否則難以成為人中龍鳳。根據一份研究，針對諸多企業的企業主、高階經理人進行測試，發現其共同特點之一就是正直、誠實。

疾風知勁草，板蕩識忠臣。相信大多數職人、企業在平順時刻皆願意信守承諾，循正道為人處事獲利；但到了關鍵時刻，卻僅有少數職人、企業家可堅守誠信，即便可能丟掉工作、被迫關閉，亦絕不動搖原則；但只要可撐過危機，便將快速從谷底反彈、穩定發展。

無論是錄用新進員工或員工的升遷調派，大多數企業篩選的標準除了能力高低，更重要的是其品行優劣，有些更將查詢其財務相關記錄；因為，從一個人的品行便可考核其價值觀，

判斷是否值得信任與託付。

▶勿以惡小而為之

雖然，誠信低落是世界各國共同的危機，但不守信用與偷竊無異；一個人若不堅守誠信，其他事亦可能走旁門左道或口蜜腹劍、笑裡藏刀。尤其，若在金錢上曾有不良記錄，就容易挪用公款，或拖延、積欠款項，犯罪率是一般人的十倍，成為企業中的害群之馬。

關於誠信，「勿以善小而不為，勿以惡小而為之」。不可心存僥倖，亦不可自作聰明，還以為神不知鬼不覺。

網路上曾流傳一個在歐洲留學的大陸留學生的故事；他利用大學所在城市交通系統並無嚴格查票機制的漏洞，在留學的數年間幾乎從未曾購票，他自豪省下可觀的交通費用，在數不盡的逃票經驗中只被要求補票三次。

畢業後，這位大陸留學生嘗試在該國尋覓工作機會，並向多家國際級企業投遞履歷表。只是，他雖然學歷傲人，這些公司亦積極開發大陸市場，其履歷表卻石沉大海，連一次面試通知也無；於是，他認定這些公司有種族歧視。終於，他怒火難抑衝進一家曾投遞履歷的企業，質問該公司的人力資源部經理，為何他無法獲得面試的機會。

人力資源部經理據實以告，該公司確實正大力拓展大陸市場，若論學歷、能力，在眾多應徵者中這名留學生確屬上上之

選；但經查詢信用記錄，發現有三次逃票記錄，所以決定另擇高明。人力資源部經理也說明：逃票證明他不遵守規則不值得信賴；但該企業營運的核心價值之一正是誠信，未來也不會設置繁複的監督機制，故無法聘僱不值得信賴的人，最後甚至直言「在這個國家，甚至整個歐洲，應該沒有一家企業願意承擔此風險，**因為道德常常能彌補智慧的缺陷，然而，智慧卻永遠填補不了道德的空白。**」

▶誠信應超越法律

在商場上，堅守信用不僅應言行一致，更應翔實履行契約。如果成品品質未達契約要求，應立即著手改善，甚至從頭來過；倘若距離契約期限將屆，縱使不眠不休地趕工亦應即時交件。

有些人更堅信，誠信應超越法律，等同於信仰。例如，曾有一位印刷廠負責人雖負債累累，但他卻不接受部屬、律師、會計師的建議申請宣告破產，反而勇敢地面對債務，一筆又一筆地清還，終於無債一身輕，如願東山再起。這名企業家堅守誠信，未拿法律當擋箭牌，更贏得所有債權人、協力廠商的信賴，此後事業一帆風順。

以誠信經營企業，關鍵在於打造一個以誠信為核心的管理系統，以誠信貫徹企業行為、企業倫理、企業文化，並影響員工個人道德、社會價值觀；即使在逆境中仍堅信可循正當途徑脫困，方得以抗拒種種誘惑。

　　原本，在頂尖大學商學院的 MBA、EMBA，早將企業倫理、企業法律列為必修課程，但成效不彰；根據研究，大多數 MBA、EMBA 畢業生皆比入學時更加貪婪，更不相信應以誠信為企業營運的核心價值。關鍵在於這些學生雖可清楚分辨是非善惡，但卻亦深知理論與現實差距甚大，他們雖身處校園卻早已向現實屈從。

　　在全球金融風暴後，先進國家最頂尖的大學商學院，如美國的哈佛大學、哥倫比亞大學，紛紛以「說出自己的價值觀」（voicing your value）的方式，教導 MBA、EMBA 的學生，如何在職場上堅持、捍衛自己的價值觀，不因威脅利誘而動搖，甚至背棄自己的信仰。

　　在這些 EMBA 的課堂上，教授讓每個學生敘述在過往的職涯中，當被企業主、上司要求說假話或改數字時，如何因應。根據調查，在職場上，職人被企業主、上司要求說假話或改數字時，約有一半的職人認為別無選擇，立即聽命行事；約有兩成五的職人亦認為別無選擇，經過一番內心天人交戰後，並無信心說動企業主、上司改弦易轍，為了堅守誠信決定自行請辭。

　　但另兩成五的職人，在歷經掙扎猶豫後，並請益多位前輩、長輩後，運用各種不同的方式與企業主、上司不斷溝通，說明自己的難處，終於成功脫險；此後，更勇於堅守誠信，並讓企業主、上司從此不再如此要求。

　　然而，原本七成五認為別無選擇的職人，聽聞有人可成功抗拒企業主、上司的無理要求，大部分都願意仿效面臨威脅、

利誘時不一定就得低頭照辦或無奈地掛冠求去，試著尋找其他
方式消弭威脅利誘！

你的道德觀決定了命運

在宇宙中，存在兩種定律，看得見的是自然律，
看不見的是道德律。

● ● ● ● ● ● ● ● ● ● ● ● ● ●

　　無論是生活或職場，每個人都曾歷經過大大小小的挫折失敗，也曾面對形形色色的威脅利誘；當關鍵時刻到來，不僅考驗當事者的能力、智慧，更考驗是否可以堅守道德底線。只是，在諸多關鍵時刻堅守道德底線、不願違背良知妥協，付出的代價是可能喪失利益、機會。

　　然而，根據數十年的生涯、職涯經驗，在關鍵時刻堅守道德底線者，雖然忍痛拒絕眼下利益和機會，卻能贏得大多數人的欽佩、尊敬，假以時日必可獲得更多機會，方方面面皆受益。反觀，未能堅守道德底線者雖一時飛黃騰達，卻可能因此喪失信譽，斷了以後的路，得不償失。

▶ 利他，是雙贏的法則

　　因此，關鍵時刻亦是抉擇惡與善的時刻。

何為惡？舉凡違背天意、人性，只考量一己之私，不顧他人、社會與國家，便可稱之為惡；其極端當是自私貪婪、唯利是圖、不擇手段，富者壓榨貧者，強者欺侮弱者，弱者鋌而走險，行不公不義之事。

何為善？舉凡所作所為皆合乎天意、人性，先考量大我再考量小我，便可稱之為善；善的典範當是富濟貧、強助弱，窮者安貧樂道，甚至將利他置於利己之前，為了顧及他人、社會、國家，寧可犧牲自己的利益，願意為了成他人之美自己付出代價。

惡的源頭是過度利己，善的源頭則是利他。利己並非惡，是個人、企業、社會前進的原動力，倘若沒有利他予以約束，將導致私欲過度膨脹，轉變成無所不用其極的自私貪婪而成了惡。

其實，利己、利他並不完全矛盾或毫無交集，其交集為以利己之心從事利他之行；若能如此，便可同時利己利他達成雙贏，故可稱為雙贏法則。

在職場上，若想成為領導者就得增益眼力、魅力、動力、魄力、德力等五力。根據我多年的心得，這五力應以德力為中心，而德力首重誠信，唯有如此方可贏得追隨者長期的信任，不至於誤用眼力、魅力、動力、魄力，成為作惡的幫凶。

雙贏法則的初衷，在於相信一個人若要提高物質上、精神上的價值，就得通過提高他人物質上、精神上的價值而實現；一個人若要提高自己的自尊，就得通過提高他人的自尊而實現，若要有所成就，就得通過他人有所成就而實現。

　　雙贏法則適用於生活，亦適用於職場、企業經營。假使企業家創立企業的目的只為了賺錢，這企業多半曇花一現，但致力於提供客戶優質產品、服務的企業，往往可長盛不衰，規模逐年擴大。

　　值得一提的是，若徹底實踐雙贏法則，提高自我價值與提高他人價值將同時發生。雙贏法則意謂「利他永遠是最好的利己」，一個人的價值由自己決定，內心認為自己是怎樣的人，就會有怎樣的表現。

　　一個講述地獄與天堂差別的故事，正可妥切地說明雙贏法則的真諦。

　　有個生前為非作歹的人，死後靈魂被天使帶往地獄；沒想到，他到了地獄不見刀山油鍋，反而見到一桌又一桌豐盛的佳餚，但即使佳餚近在咫尺，每個靈魂卻都骨瘦如柴。再仔細一看，他發現每個靈魂手上都拿著一副長筷子，其長度遠超過一般筷子，雖然可挾得到菜，但即使想盡了方法也吃不到筷子上的菜；但地獄嚴格規定僅可以筷子取菜，因此，每個靈魂備受飢餓酷刑的煎熬。

　　另一個生前樂善好施的人，死後靈魂被天使引領至天堂。他看到的天堂景象，也是一桌又一桌豐盛的佳餚，和在地獄看到的景象沒有不同；唯一不同的是每個靈魂彼此將自己手上筷子的菜送入另一個靈魂的口中。於是，每個靈魂皆可飽享美味！

▶道德是心靈良藥

　　近年來，世界各國都出現道德淪喪的危機。許多人相信，只要聰明過人就可鑽營取巧、甚至罔顧道德，而堅守道德者生活必定困難重重；其實，此誤解大謬不然，道德實為智慧、幸福的根本。

　　唯有以道德為根本的智慧才是真正的智慧，唯有以道德為根本的幸福才是真正的幸福。以道德為根本的智慧可讓人在獨處時管好自己的心，認真思考、反省；在人群中管好自己的口，努力借鏡、學習。以道德為根本的幸福，可到達境隨心轉、境由心生的境界，不再心隨境轉、心煩意亂。一種良藥頂多可治好一種或數種身體疾病，但道德卻可治好一切心靈疾病、痛苦，讓人重拾真、善、美。所以，智慧是不存於身外的人、事、物上，而是藏在每個人的內心中。

　　林肯曾言，「一個人過了四十歲，應當為自己的長相負責」。若論容貌，林肯離英俊甚遠，但他的臉上卻刻劃了智慧與慈悲，不讓人厭惡、望之生畏，反而令人心生仰慕、願意親近。所以，若想要有好容顏，只要心靈美，愛心盈滿、個性善良、積極主動，不必仰賴化妝、整型，自然散發出強烈的吸引力，他人不知不覺心生傾慕，越來越喜歡與之接觸，更甚者可化敵為友。自私、狡猾、凡事分斤掰兩者，即使原本相貌英俊、美麗，也會變得俗不可耐、越發醜陋。

　　道德不僅是智慧、幸福之本，更是氣質與良善之本；一個人的氣質決定了中年後的容顏美醜，而心地是否良善，更決定

了其是否可以安享富貴。此外，並非日入斗金、位高權重的人就是富貴；只要內心不感匱乏即是真正的富，被他人所需即是真正的貴。諸多坐擁金山銀山的有錢人，仍猶感不足，便不是富；若干政府高官雖手握大權卻遭大多數民眾厭惡，亦難稱之為貴。

▶道德觀決定命運

在西方倫理學，以真、善、美歸納道德；而在東方，則將善等同於道德，與善相反者即為惡。在現實生活中，至善是道德的最高目標，但卻無人可達到；但以「止於至善」為目標，將同時產生吸引力、約束力，吸引力將人拉向善的方向，約束力阻止人傾向惡的方向。

與其說「一個人的個性決定其命運」，不如說「一個人的道德觀決定其人生」。**何謂道德觀？簡而言之，一個人的利己動機與利他動機相互作用後所產生的價值體系，即是其道德觀。**

然而，一個人的道德觀或社會的價值體系會不斷受外在環境影響而改變；當道德觀受衝擊時，人們會嘗試從利己動機與利他動機的板塊位移中，調整出新的道德觀、價值體系；這時，是否有依據真理而行的信仰就非常重要了。

過去一個多世紀，由於全球經濟快速發展，人們盲目追求物質享受，甚至不顧自己的尊嚴，導致是非不分、黑白混淆；越來越多企業不以百年企業為目標，以提高獲利唯一目標，致

使黑心產品橫行；諸多國家因為道德淪喪造成國勢日衰，但主政者多半不明此理，不斷在政治、經濟、社會福利等領域下猛藥，依然徒然無功。

　　然而，崇尚道德不是口號，更不是遙不可及的夢想，而是拯救個人、企業、產業、社會、國家危機的最佳良方；倘若未能以永恆不移的真理厚植道德基礎，縱使追求更高的 GDP，獲得再多的財富，攀升至再高的地位，都難以持久。

正確的信仰，
建構了你的格局大小

一個文明的社會，是崇尚道德的社會，也是可以和諧共存、利益共享的社會。

• • • • • • • • • • • • • • •

在就學的時期，大多數人都會碰到「我的志願」這個作文題目，許多學生也會引用國父孫中山的名言：「要立志做大事，不要做大官」。但踏入職場後才發現做大事頗為不易，隨著歲月增長志願越來越小，最後僅剩下「工作安穩、無災無難到退休」的期待；甚至有人因墮落而淪為社會的寄生蟲。

無論任何人，都應立志不當社會問題的製造者、不給他人添麻煩，而要當社會問題的解決者（不論大小）為己任；製造社會問題即是惡，解決社會問題即是善。

▶社會價值體系：信仰是社會穩定發展的根基

一個國家的社會價值體系可傳承與經營，方可稱為文明國家；文明國家崇尚道德，致力讓不同膚色、種族的人們皆可和諧共存。文明國家的人民自小在教育中學會尊重他人、不為他

人添麻煩，長大後自然而然養成盡量不為社會製造問題的好習慣，不隨地吐痰丟垃圾、守法、遵守秩序願意排隊，有禮貌知禮讓、舉止客氣不爭先恐後、樂於幫助他人、尊重殘障者的權益、汽車等候行人過馬路，並有較多公民敢於見義勇為和勇於為社會、國家犧牲奉獻。

　　文明國家不止人民素質高，企業亦能兼顧利己、利他，創新旨在造福大眾，不會只著眼於眼前的利潤，企業主、高階經理人自詡為企業家而非生意人。因此，在文明國家，也必須以創造眾人福祉為前提，人人皆有創造財富的自由，如此國勢國力自然蒸蒸日上。

　　如果將「社會行為體系」比喻為一棵樹（請見圖五）：

- **一般大眾的行事為人是樹葉**
- **社會的倫理文化是樹幹**
- **道德品格是樹根**
- **宗教、信仰則是提供整棵樹營養的土壤**

　　倘若沒有信仰，社會行為體系猶如一株被連根拔起的樹木，無法再從土壤中吸收營養，不久便將枯萎凋零。所以要從一個不文明的社會、國家進步到文明，其重點不在於外表上政治、經濟、軍事的耀武揚威，而在於內在藉著信仰重建所帶出來的道德重整。

　　規範一般大眾的行事、為人，其方式包括：

- **倚賴執行法律**

圖五：社會行為體系（生命樹）

行事為人 ── 行為（樹葉）

倫理文化 ── 規範（樹幹）

道德品格 ── 思想（樹根）

宗教、信仰 ── 靈命（土壤）

- 提升社會的倫理得透過媒體和輿論
- 提升社會的道德則須強化教育體系
- 而推廣信仰可讓社會價值體系更為健全

　　法律、倫理、道德、信仰皆是維護社會價值體系的重要支柱（亦可稱為社會維護體系）。

　　法律為一個社會倫理的底線，在大多數情況中，雖可懲罰惡卻無法獎勵善，只能從外在強迫執行，卻無法約束個人的內在，更難以激勵人心；但若能嚴格執行，對於嚇阻諸惡，確有立竿見影的效果，為穩定社會之所必須。

　　倫理指一個社會公認的行為規範與合宜的人際關係模式；其要求雖常比法律稍高，有時仍得仰仗法律的力量方可形成約束力。但在法律不足或鞭長莫及之處，則應借助媒體和輿論的

力量，令眾人不敢恣意妄為。不過，倫理講究公平、公義、理性，要求人與人對等，其吸引力較不若道德。

　　道德則是驅使人行善避惡的動力與理想，也是普世最高的是非善惡標準；其對人的要求更高，要求的不僅是應為，而是更好的、最好的行為與信念。道德不僅訴諸理性，且更具情感吸引力，還可激勵人心、令人終生心悅誠服。

　　信仰不僅是一個人精神生活的最高需求，亦是其內心深處最核心的動力；決定一個人如何過一生，想成為怎樣一個人。信仰不僅可源自宗教，亦可源自於政治、文化或哲學。

▶商業道德：利己之心、利他之行

　　一個社會想成為文明社會，一個國家想成為文明國家，不僅民眾應崇尚道德，企業亦得恪守「商業道德」（business morality），以利他為前提從事利己的商業策略，進行良性競爭而非惡性競爭。若非如此，企業將成為社會和國家的亂源。

　　企業家若想賺取豐厚的利潤，最佳途徑當是「不按牌理出牌」提供創新的產品與服務、顛覆現有的市場秩序、改寫產業遊戲規則，但前提是創新不可抵觸「商業法律」（business laws）、「企業倫理」（business ethics），否則可能引發訴訟，甚至遭其他同業群起圍攻，未蒙其利反受其害。

　　何謂商業道德？若將道德判斷應用於職場、商場，即是商業道德，為決斷職場與商場是非善惡的最高標準。然而，令人感嘆的是，大多數大學的商學院雖開設商業法律學分、企業

倫理相關課程，卻未開設商業道德學分；連學術殿堂都不重視商業道德，遑論眾企業。

法律是道德的底線，商業法律即是商業道德的底線。企業倫理則指一個社會公認的企業行為規範與合宜的企業關係模式；其當是個人、企業在商業活動中與他人、企業互動時，應遵守的行為規範與關係模式。

成員超過一個人以上的公司就可稱為企業；其組成元素除了員工，還包括資金、技術、土地、創意。企業創造價值的對象不僅是客戶、員工、供應商、投資者，還包括社會大眾。除了為社會創造價值，根據當下人們對企業的期許，企業亦應肩負社會責任，「取之於社會、用之於社會」，所以企業家負責任的對象，不僅包括客戶、員工、供應商、投資者，亦包括社會大眾與自然環境。

企業家最大、最重要的社會責任就是做好企業；在存在價值與社會責任間，企業決斷所憑恃的準則即是企業倫理。若要落實企業倫理、商業道德，第一步也是最困難的一步，即企業營運應尊重專業，不受企業主、大股東個人與家族的意見所干涉、影響。

在東方，即使是上市櫃企業的企業主、大股東，多數仍將企業視為家產，並非屬於所有股東，更不知應對客戶、員工、供應商、投資者、社會大眾、自然環境負起社會責任，任意安插人事、左右營運方針、公款私用，有時更視企業倫理、商業道德如無物，嚴重影響國家的國際競爭力。

如果將「企業行為體系」比喻為一棵樹（請見圖六）：

圖六：企業行為體系（生命樹）

企業誠信——行為（樹葉）

企業文化／企業倫理——規範（樹幹）

企業家的道德和品格——思想（樹根）

宗教、信仰——靈命（土壤）

- 誠信經營是樹葉
- 企業倫理／文化是樹幹
- 企業家的商業道德和品格是樹根
- 企業家的宗教、信仰，則是提供整棵樹營養的土壤

▶企業倫理：追求參與者利潤最大化

　　許多人誤以為，奉守企業倫理的企業不應追求利潤。此理
解大錯特錯，企業不追求利潤反而是違反企業倫理，追求利潤
是企業永續經營的必要條件，同時也是度量企業營運方向與策
略是否正確、有效的量尺；只是，利潤應是企業營運的結果，
不應是企業存在的目的與唯一動力。

　　企業的利潤源自於創意，與行銷力、生產力雙重提升，而非源自於撙節。企業主、高階經理人應思考的真正問題，不是如何讓「企業強勢者」（如股東）利潤最大化，而是至少得賺取多少利潤才能讓企業持續正常營運，與如何追求所有「弱勢參與者」利潤最大化，企業的參與者除了股東，還包括客戶、員工、供應商、投資者、社會大眾、自然環境等。

　　簡而言之，企業若致力追求本身利潤最大化，僅可成功一時，隨時可能盛極而衰，追求本身最少利潤而照顧到所有參與者的權益，卻可讓企業屹立不搖；長期而言，後者所獲得的總利潤，可能遠超過於前者。

　　全球金融危機的起因，正是美國雷曼兄弟（Lehman Brothers Holdings Inc.）等投資銀行，為了追求企業利潤最大化、股東利潤最大化，無所不用其極；最後，不斷推出形形色色的衍生性商品，雖然企業創造令人驚艷的營業額，卻也埋下了令自身粉身碎骨的炸藥。

　　企業若想永續經營，營運目標就當從追求企業利潤最大化、股東利潤最大化，轉為追求參與者利潤最大化；參與者利潤最大化亦可稱為「利潤最優化」。一個企業的格局正決定於其追求利潤的方式，而格局正決定企業的命運與榮枯。

　　在我看來，企業成功的關鍵即在於「以利己之心行利他之行」。企業主、高階經理人經營企業動機不應是追逐名利，而是從事一件有意義的事，如完成夢想、貢獻社會等，至於財富、地位、聲望，則僅僅是副產品，不可本末倒置！

宗教信仰是心靈的淨化與昇華劑

你的一生將取決於內心描繪出的樣貌；你信什
麼，你就會是什麼。

● ● ● ● ● ● ● ● ● ● ●

在我看來，二十一世紀的人類社會充滿各種矛盾，關鍵
便在於以自我為中心的社會價值體系（即由後現代主義〔post-
modernism〕信仰所建構）；其主要矛盾有七項，試簡述如下：

一、只要財富不想工作：若干人只想追求財富卻不想認真
工作，甚至完全不想工作，一心尋找致富的捷徑。

二、只要享樂不顧良知：若干人以享樂為生活、生命中
心，不顧良知道德，希望享有更多的權利，卻不願承擔責任。

三、只要知識不要人格：若干人只想擁有更多知識，卻忽
略人格的重要性，將知識的積累與人格的養成脫鉤，而非相輔
相成。

四、只要生意不顧道德：若干職人、企業只求業績成長、
談成生意，視良知道德如無物；雖然可能獲得優渥的物質生
活，卻失去了自我。

五、只要科學不顧人性：若干科學研究者致力追求科學進

步，卻罔顧人性；諸多科技研究、產品，僅強調科學成分，卻漠視人類的精神需求。

六、只求信仰不願犧牲：若干人雖追求信仰卻不願有所犧牲；其信仰出於私心，並非真的信仰。

七、只講政見不講原則：諸多政治人物政策、政見，只顧討好選民以贏得選舉，毫無原則可言，根本無法兌現，更以個人利益至上，讓民眾越發無法相信政府、政黨與政治人物。

在社會行為體系中，宗教信仰猶如土壤；唯有濕潤、肥沃的土壤，方能滋生蓊鬱的森林，個人、企業若無信仰，則像未帶羅盤出航的船隻，茫然找不到方向。我是基督徒，信仰陪伴我行經職場的風風雨雨，與生涯中的低潮、幽谷。大多數有成就的企業家，都有堅強的信仰，但信仰並不只限於基督教。

在多數東方國家，人們相信天是宇宙最高的主宰；在西方國家，基督宗教是主流的宗教，人們相信，宇宙、世界皆由上帝創造與掌理，上帝的律令則記載於《聖經》中。

▶我信仰的基督教是什麼？

根據我對宗教信仰的認知，在某些方面，上帝與天並無根本差異，皆是宇宙的源頭。根據《聖經》的說法，上帝花了六天創造宇宙與萬物；且在第六天時根據自己的形象，創造了人類，並要求人類管理宇宙。

上帝所創造的宇宙，依循兩類規律運行。第一類規律稱為「**主要原因**」（primary cause），指自有永有、不可複製的規

律，人類僅能知其然，無法知其所以然，又可稱為真理；第二類規律，稱為「**次要原因**」（secondary cause），指以主要原因為基礎、所建構出的規律，人類可發現、解釋、運用，亦可稱為定律。

若以邏輯檢視兩類規律，主要原因即是因，上帝就是因，次要原因則為果，為上帝從無到有的創造亦是神蹟之延續，人類只能從果中有所發現，是為從有到優。人類所有創新、發明，皆侷限於次要原因範疇內，仰賴各種定律，尚無法跨足主要原因範疇。

主要原因乃靈命世界（spiritual world）的規律，其為萬事、萬物為何存在與以何種方式存在的原理，特性為絕對、永恆、不朽，猶如驅動世界前進的軟體；因為無法以人類的語言精確界定，對人類而言，其非理性、無規律、不可見，只能相信、不能試驗，無法闡釋、分析與推敲。

次要原因為物質世界（physical world）的規律，其為萬事萬物何以是當下面貌的原理，與主要原因相較，其猶如硬體，有其生命期限，特性為相對、暫時、必朽；對人類而言，其可用語言精確確定，有特定、清晰的規律，並可理性地闡釋、分析、推敲。

那麼，上帝為何要創造宇宙？照《聖經》所言，上帝創造宇宙，是為了給人類一個適合生活的環境；因為，上帝以自己的形象創造人類，人類擁有上帝賜予的真、善、美，其使命為管理其他創造物，並接續進行其他創造。

由此可知，在宇宙中人類是強勢者，所以人類必須嚴格遵

守上帝創造的道德律：強勢者尊重弱勢者，宇宙方能長存。如今，因人類的自私自利，嚴重破壞整個環境，若再不覺醒，繼續違反上帝的道德律，將一步步走向自我滅亡。

　　人類雖然在其體能、感官方面，是宇宙中的劣勢者，但之所以成為管理宇宙的強勢者，關鍵便在於上帝創造人類，比創造其他植物、動物，多加入了靈。

　　上帝以地上的塵土造人的身體，與創造其他植物、動物不同的是，在泥人的鼻孔中吹了一口生氣，泥人登時變為有靈的活人；於是，人類的靈不僅擁有管理宇宙的能力（即智慧），可創造、發明各種工具，並引發人類文明史，又具備相信並與上帝互動的能力（即靈命），可認同並追隨真、善、美，與由其衍生的道德觀。

▶追求信仰前得先認識自己

　　信仰是人類心靈的淨化劑；但人們想追求信仰，就得先認識自己。在基督宗教教義中，人類不僅擁有身體，還有靈、魂。依照《聖經》的定義，靈為人類的內心世界來自於神，不屬於物質世界，實為人類生命的中心，若能遵循上帝的指引，行為便可合乎道德規範，並找到人生的價值、意義。

　　《聖經》可分為《舊約》與《新約》，《舊約》的道德規範即律法、十誡，強調人們應約束利己的行為力，但《新約》論及的道德多為愛人、愛上帝，強調利他的吸引力。至於人生的價值意義，耶穌闡揚至善為利他之心、利他之行，撒旦的誘惑

則為至惡，即利己之心、利己之行。若將其應用企業經營，則應調合為利己之心行利他之行，內聖而外俗。

靈具備超個人（transpersonal）的特性，可帶領生命向前進，亦讓人可自由選擇，若有虔誠的信仰，即可超越自我利益、價值，讓人願意奉獻、犧牲、友愛他人，增益信心、愛心與良心，更可為人類帶來內心的平安與喜樂。上帝為何賜予人類靈？原因在於，人類有了靈方有管理世界的智慧，並知道如何與上帝互動。人類發自靈行出的信心、愛心、良心，方有永恆的價值，延伸到永生。

魂，乃人類思想、感情、意志的中心，其已屬於物質世界，主要存在於大腦中，其又可分為理智中心、情緒中心、生理中心、意志中心等。體則是靈、魂的載體，為人類與外界互動的介面，其可分為感官中心、行為中心等。想成為一個健全的人，就得進行全人整合，不可偏廢靈、魂、體任一者。

依照《聖經》記載，上帝創造人類的始祖亞當與夏娃，將他們安置在宛如樂園的伊甸園；但他們因為不聽上帝的誡命（不信），而違背上帝了禁令，被撒旦化身的蛇誘惑而墮落，偷吃了分別善惡樹上的果子，於是被上帝逐出伊甸園，開始過著艱辛備至的生活。但因為人類有靈，可藉由信仰獲得淨化、昇華，重回上帝的懷抱。

不過，人類因為自認能分別善惡，而離開了伊甸園，從那時起，善惡是非不再黑白分明，有了模糊的灰色空間；而在伊甸園外的世界，因為神對人類始祖犯罪的懲罰，隨著時間流逝，所有事物都會敗壞，從有秩序變為無秩序，道德亦不斷崩

解，除非有外力介入；神藉著四季的變化以更新自然界。

　　為何人類自認可分別善惡，就被上帝逐出伊甸園？原因在於，人類的道德標準不一定與上帝的道德標準相同，當人類陷入道德抉擇時應向上帝請益，而非自我決斷；因為人類的道德標準有模糊的灰色空間，標準更可能「因地制宜」、「因時制宜」，且每個人道德標準不一，成為糾紛的來源。

　　所以，人類無法自己拯救自己的道德、文化、行為，唯有相信上帝已經差遣了祂的愛子耶穌基督來到世界，是為了拯救人類不信服上帝的吩咐，以自我為主宰，所行惡果造成的死亡結局。藉著祂被釘死在十字架，成為人類的代罪羔羊，使信靠祂的人可以脫離魔鬼設計，不再陷入罪惡和死亡的墮落深淵裡。重新回到伊甸園（天家），恢復創造人類成為上帝兒女的地位。

　　對基督徒而言，聖潔不僅僅是一個名詞，更是促使他們提升道德的動力。人類被逐出伊甸園後，就得面臨墮落、昇華的拉扯，且不進則退，信仰正是讓人類昇華的力量；我深深相信，人類藉由信仰不僅可提升生命、生活品質，還可增強職場及企業競爭力。

　　想在職場出人頭地，信念是否堅強，扮演關鍵因素，在我的認知中，信念來自魂、靈。來自魂的稱為信念（belief），相信的對象為物質世界的宗教、哲學、理念、他人或自己等。來自靈的稱為信心（faith），指「所望之事的實底，是未見之事的確據」，相信的對象則為上帝。

　　有虔誠信仰的人，多半有較高的 EQ、XQ 與較強的信

念，可超越環境的影響，積極善良、正面樂觀，有勇氣對抗挑戰、逆境，更易獲得生活、事業、人際關係上的成功！

▶泱泱美國的逐漸衰敗

西方國家之所以國強民富，與基督宗教信仰息息相關；但近年來，因後現代主義信仰崛起，且已與基督宗教信仰並駕齊驅，有時影響力更有過之而無不及，導致諸多國家國事日衰、社會動盪。

基督宗教信仰強調，上帝是宇宙的主宰，且時時積極參與世界所有事務，人類應追求真理與絕對；但受後現代主義信仰擠壓，其影響力現僅及於教會，越來越多青年世代離開教會。後現代主義信仰強調一切以人類為中心，人類不僅是宇宙中最偉大的存在者，更是自我命運的主宰者；有些更強調上帝並不存在，人類才是衡量萬物的尺度，且沒有任何絕對的道德標準，沒有絕對的價值和意義，只有相對的價值和意義；所以也就沒有永恆的支柱點，人類在任何時候可以自己訂定是非善惡的標準，以符合時下的需要。

在西方世界，雖然仍有許多人假日會到教堂做禮拜，但越來越多人僅是慣性行為、表面功夫，信仰並不虔誠，言行更背離基督教義，價值模糊、道德淪喪越發嚴重，衍生諸多社會問題。

二戰後，美國一直是西方國家的領袖；在政治、經濟、科技、文化等領域執全球之牛耳，迄今尚無任何國家可威脅其

地位。如果將一個國家比喻為一棵樹，單看枝葉（如政治、軍事），美國依然欣欣向榮；但若轉睛至樹幹（如文化和倫理），便會發現美國已有向下沉淪的徵兆，如槍枝日益氾濫、種族衝突加劇等；再往下看其樹根（即道德、誠信），則其道德淪喪已十分明顯，上一次自美國引發的金融海嘯就是商業道德沉淪的明證，而其病灶實為土壤劣化、樹根染病，即後現代主義信仰已撼搖基督宗教信仰的根基了。

生命帶領生活，臻於天人合一

> 人的一生，應該是一個完整的故事，延伸到永
> 恆。

● ● ● ● ● ● ● ● ● ● ● ● ●

當下的青年世代，若論物質生活遠遠超過之前的世代，但
若論精神生活，卻是無比的空虛，許多人對生活、生命、未
來皆感到迷茫困惑，心靈深陷在泥淖中，卻不知該如何脫離困
境。

即使再豐厚的物質享受，也無法填滿心靈的空虛。許多人
感嘆人生艱難，表面過得風光體面，實際上卻心有千千結、備
受煎熬，總像陀螺般在原地不停打轉，猶如非洲撒哈拉沙漠比
賽爾部落以前的居民，遲遲無法向外跨出一步；不知應做些什
麼、不知如何激發潛能，甚至不知人生該追求些什麼？

▶新生活始於選定方向

今日的比賽爾已是觀光勝地，但昔日的比賽爾卻封閉落
後，原因在於自有歷史以來，比賽爾居民無人可走出撒哈拉沙

漠。然而，並非比賽爾居民不想與外界聯繫，但他們無論往哪個方向走，最後竟然都走回比賽爾；直到一位探險家造訪，才結束他們千百年來與世隔絕的窘境。

探險家頗為納悶，為何當地人無法走出比賽爾。於是，探險家帶了半個月的食物、雇用了一個比賽爾居民帶路。在路程中，探險家收起指南針，路程中亦不指認方向，出發後不到半個月兩人已走了上千公里──果然又回到了比賽爾。

比賽爾居民既不識指南針又不懂得辨識北極星，在一望無際、黃沙滾滾的撒哈拉沙漠只憑著感覺走，最後，總是回到位於沙漠中央的比賽爾。

當探險家離開比賽爾時，特別邀請曾雇用的那位比賽爾居民同行。探險家指導他，想穿越撒哈拉沙漠，理應白天休息、夜晚前進，並教會他如何尋找北極星；數天之後，兩人便成功越過了撒哈拉沙漠。後來，這位比賽爾居民帶領其他同胞橫越撒哈拉沙漠，因此被尊稱為「比賽爾的開拓者」。比賽爾更為他豎立銅像，銅像底座鐫刻著：「新生活開始於選定方向。」

想要擁有新生活，就得選定正確的生活、生命方向；選定方向其實不假他求，首先得先找到自我。中文字相當奧妙，「我」若失去左上的一撇，就變成了「找」，唯有找到那一撇，才能找到自我，這一撇代表什麼，眾說紛紜、莫衷一是；商人認為是金錢，學生認為是學問，從政者認為是權位，行善者認為是善行，病患認為是健康，家庭失和者認為是家人和睦相處，享樂者認為是及時行樂。

但在我看來，人們迷失自我，是因為將天命趕出了內心，

天命就是我字左上角那一撇，唯有將天命請回內心，方能找到真正的真我，與真正的人生方向。所有的受造物皆有其存在的目的與意義，人類必須找到來自造物主設定真我的目的和意義。

▶生命和生活並不相同

每個人潛意識中生命追求的目的、意義，約可分為四個階段，試簡述如下；每晉升至下一個階段之際，皆是左右人生方向的關鍵時刻：

一、奮鬥：經由努力在職場上晉升，讓生活更美滿。

二、成功：擁有自我定義下的成就，感到富足、不虞匱乏，即可稱為成功。

三、意義：人生真正的意義在於擁有認識自我、辨別善惡的智慧，且行有餘力，可奉獻給國家、社會。

四、服膺：服膺上帝給予的使命，達到天人合一的真我境界，從中獲得心靈的平靜、安寧與幸福。

然而，想要天人合一、人生幸福並不容易；「兩滴油的故事」當可品嘗箇中況味與困難。

相傳，有位富翁因心靈空虛，於是派兒子向世界上最有智慧的智者請益幸福之道，少年跋山涉水，歷經千辛萬苦，終於抵達智者所居住的城堡。

智者得知少年的來意後，並未立即傳授他幸福之道，反而

建議他到城堡各個角落走走、看看，並要求他手上拿著一根湯匙，並在湯匙上滴了兩滴油。智者特別囑咐少年，在觀賞城堡時，千萬不要讓油滴落。

於是，少年雖在城堡中行走，但時時刻刻目不離湯匙，戰戰兢兢、誠惶誠恐，不敢有絲毫大意；城堡相當大，步行了數個小時後少年才回到智者所在處。智者問少年，在城堡中看到了什麼；少年尷尬地說，因為全心全意關注湯匙中的油，城堡中有何景緻、擺設，他全然不知。

智者吩咐少年，再逛一次城堡，並希望他仔細欣賞、探索整座城堡，也要求他帶上那把湯匙。此次，少年向智者詳細描述了沿途所見，對城堡的景緻、擺設，無不觀察入微；語畢，智者問少年，「湯匙中的油，剩下多少？」少年才驚覺，油早已濺得一滴不剩。

「關於幸福之道，只有一個秘密。」智者告訴少年：「人生就好比遊歷這座城堡，在欣賞景緻擺設時，同時也不能讓湯匙中的油濺出來。」

智者的話一言以蔽之：「盡人事、聽天命」。欣賞城堡的景緻擺設，即追求生活美滿、完善，如家庭幸福、事業成功、身體健康等，此為盡人事；時時關注湯匙中的兩滴油，即致力從「奮鬥、成功」階段晉升至「意義、服膺」階段，此為聽天命。

數十年的生涯職涯，我深刻體驗到，生活與生命並不相同，生活的目標當是家庭幸福、事業成功、身體健康等，理應追求事事完美；想達成生活的目標，應將與家庭幸福、事業成

功、身體健康相關的事，皆視為緊急的事，應立即處置，亟需的是「動力」。

生命的目標則是藉著追求人生的目的和意義，找到人生命定與心靈歸宿，理應追求自己的唯一；在追求生命目標的過程，應將與人生命定與心靈歸宿相關的事，視為重要的事，應妥善思量、謹慎以對，核心能力當是「靜力」，即安靜的力量，生命就猶如「兩滴油的故事」中湯匙裡的兩滴油。

▶在生命的制高點整合生活

生命應帶領生活，人唯有從生命的制高點來整合生活，產生新的人生觀、價值觀，汰換掉舊的人生觀、價值觀，改變生活的方式與重心。從此，**應將生命目標列於生活目標之前，將「完成重要的事、追求唯一、鍛鍊靜力」列於「完成要緊的事、追求第一、培養動力」之前。**

無論生活與生命，人們常得面對諸多關鍵時刻；關鍵時刻不僅是決定未來相關事情發展方向的時刻，更是突破心靈困境、重新定義自己的時刻。當關鍵時刻到來時，應當遵循自己內心的指引，即使身處逆境險境，依然無所畏懼勇往直前，直到突破困境為止。

原本，每個人都是獨一無二的存有，但因只關注生活，以致大多數人的人生隨波逐流，過得平凡無味，但若想人生與眾不同、精彩豐富，就得遵循自己內心的指引，選擇自己想要的人生，成就不一樣的生命。但我深信，唯一可衡量人生成敗的

量尺當是幸福感，而非財富、地位，正面情緒是加分，負面情緒則將減分。

在昔日，東方社會較為封建，崇尚「萬般皆下品、唯有讀書高」，鼓勵人們追求第一，僅有在教育體制中名列前茅者，方可被稱為天才。但在今日，多元、開放、全球化已是不可逆的時代潮流，完全發揮自身潛能者就是天才，相信「行行出狀元」的價值觀，鼓勵人們追求唯一。

追求唯一、與眾不同，永遠都不嫌遲。即使過去平凡庸碌，但從現在起即知即行，雖不見得能有大事業、深遠的影響力，卻可讓生活與生命更加精彩、豐富、幸福。

▶把握信仰帶來的力量

在創業過程中，歷經五次失利後，我方能不將工作單純視為一份工作，而是實踐《聖經》的教誨。在職場上若能做一個敬畏上帝的職人，就不會太過在意他人的眼光與議論，當遭遇困難險阻時，可以請求上帝的指引、提醒。如此，便不怕做困難的事，也就是敢不做其他人都認為應該要做、但自己內心期期以為不可的事，也不怕做正確的事，也就是敢去做其他人期期以為不可、但自己內心認為應該要做的事。

許多人認為將基督教義實踐在日常工作中，要麼不可能，要麼太空洞難以說清楚，但我認為將聖經原則落實在企業管理有其可行性，而且一點都不複雜，並可創造出優質且可永續經營的企業文化，其主要原則有三，依次簡述如下：

一、以誠信為管理的基礎：對人、對己、對上帝皆全然誠信，建立誠信的企業文化。

二、以愛心為決策的基礎：進行決策前，全心全意相信利他永遠是最好的利己，將愛心灌注於決策中。

三、以謙卑為領導的基礎：領導力高低的關鍵在於有無用心，與形式並無關聯；若可採「感召式領導」，謙沖自抑、虛懷若谷，當比高壓、威權式領導，更易獲得部屬的信任。

在職場上能堅定自己的信仰，忍受一切攻擊與試驗，其收穫將遠遠超過預期。以我為例，在上海創立 E28 後，連連失利、屢敗屢戰；但最後終能揮出「再見全壘打」，讓創業劃下完美句點，並令我在人生下半場得以認知我的命定，即奉獻畢生所學所悟回饋社會，就是信仰的力量支撐著我。

我由衷深信上帝恩賜給每個人不同的才能和潛能，人類應珍惜這些能力，找到屬於自己的命定。在我的職涯中上帝猶如一雙看不見的手推著我不斷向前進，從工程師進階至經理人、創業家、社會貢獻家，為了推動我走向命定，神在我人生、職涯中安排了許多機會、挑戰，藉著我追循內心指引去做「設計」、「塑造」、「學習」中，讓我學到了許多唯一，在此整理分享如下：

一、從專業者到管理者：融合技術與管理。

二、從半導體業到通訊業：結合硬體與軟體。

三、從東方社會到西方社會，再回到東方社會：融合東方文化與西方文化。

四、從跨國大企業到在大陸創業：融合在大企業任職與創

辦小企業的經驗。

　　五、從美國企業到大陸企業：融合美國經驗與大陸經驗。

　　六、從成功到失敗，再從失敗到成功：融合成功與失敗的經驗。

　　七、從企業家到社會貢獻家：結合企業經驗與信仰。

　　在人生的下半場，我努力傳承自己的經驗，成全有影響力的職場人士、教導後進職場管理與企業領導力，與如何克服種種疑難、享有美好人生的扭轉力。為此，我常奔波於台灣、美國、大陸各大城市，雖然備極艱辛卻甘之如飴，希望未來可繼續擴大服務層面，讓更多人的生命、生活都更上層樓！

【德力】動動腦・操練題

A. 操練題：經營人際關係，贏得尊敬

回想自己對待上司和下屬是兩種截然不同的態度嗎（有時是潛意識的）？對下屬講話應有與對上司講話一樣的尊敬，放下權威表裡如一。

B. 操練題：培養綜合能力

如果你是一名在校生，雖然課業繁重，也應參加至少一至兩個學生社團，不只是成為積極的會員，還應志願擔任某項職位、培養能力，能進入社團領導職位更佳。

C. 操練題：建立誠信

1. 如果你是一名企業家，請寫下企業目前的核心價值，其中有誠信嗎？你的每一位員工都清楚企業的價值觀和道德秩序嗎？
2. 憑心而論，你的企業做的廣告所描述的產品性能與實際相符嗎？

D. 操練題：堅守誠信

平時在公司裡可以適時講出你所持有的價值觀，讓上司及同事都了解。

E. 操練題：雙贏法則

　　與人合作之初，寫下自己想要達到的目標，也寫下對方想要獲得的利益。彼此大方向應是一致的。若不一致則需協調，有可能是自己需要讓利，以獲得雙方長遠的利益。

F. 操練題：參與者利潤最大化

　　當公司追求利潤求永續經營的同時，也必須承擔社會責任。作為企業家，請用筆列出你的企業活動負責的對象是誰及負什麼責任。這可能包括公平競爭、產品不造假、員工的尊嚴和福利、稅務責任、環保等等。

G. 操練題：認識自己

　　請從靈、魂、體三方面來認識自己，做一個全人的整合（分類寫下來）。看看你的精神世界、情感世界和感官世界目前處於何種狀態？也寫下你對它們各自期望的狀態。特別對於「靈」的理解，你同意書中所講嗎？你希望它是來自信仰嗎？

H. 操練題：追求意義

　　你懷疑過你的人生方向嗎？你相信生命存在是有目的和意義的嗎？希望你能在繁忙瑣碎的生活裡面稍微停一下腳步，想想以上聽起來似乎很遙遠卻極其重要的問題。你現在可以選擇迴避這些問題，繼續忙著賺錢、養家、尋歡作樂，但遲早有一天，你必須面臨這些問題，每一個人都是，沒有例外；越晚面對，越是虛度人生的光陰。

讀者回函卡

感謝您購買我們出版的書籍！請費心填寫此回函卡，我們將不定期寄上城邦集團最新的出版訊息。

姓名：_____ 性別：□男 □女

生日：西元_____年_____月_____日

地址：_____

聯絡電話：_____ 傳真：_____

E-mail：

學歷：□ 1. 小學 □ 2. 國中 □ 3. 高中 □ 4. 大學 □ 5. 研究所以上

職業：□ 1. 學生 □ 2. 軍公教 □ 3. 服務 □ 4. 金融 □ 5. 製造 □ 6. 資訊

□ 7. 傳播 □ 8. 自由業 □ 9. 農漁牧 □ 10. 家管 □ 11. 退休

□ 12. 其他_____

您從何種方式得知本書消息？

□ 1. 書店 □ 2. 網路 □ 3. 報紙 □ 4. 雜誌 □ 5. 廣播 □ 6. 電視

□ 7. 親友推薦 □ 8. 其他_____

您通常以何種方式購書？

□ 1. 書店 □ 2. 網路 □ 3. 傳真訂購 □ 4. 郵局劃撥 □ 5. 其他_____

您喜歡閱讀那些類別的書籍？

□ 1. 財經商業 □ 2. 自然科學 □ 3. 歷史 □ 4. 法律 □ 5. 文學

□ 6. 休閒旅遊 □ 7. 小說 □ 8. 人物傳記 □ 9. 生活、勵志 □ 10. 其他

對我們的建議：_____

_____

_____

【為提供訂購、行銷、客戶管理或其他合於營業登記項目或章程所定業務之目的，城邦出版人集團（即英屬蓋曼群島商家庭傳媒（股）公司城邦分公司、城邦文化事業（股）公司），於本集團之營運期間及地區內，將以電郵、傳真、電話、簡訊、郵寄或其他公告方式利用您提供之資料（資料類別：C001、C002、C003、C011等）。利用對象除本集團外，亦可能包括相關服務的協力機構。如您有依個資法第三條或其他需服務之處，得致電本公司客服中心電話02-25007718請求協助。相關資料如為非必要項目，不提供亦不影響您的權益。】

1.C001 辨識個人者：如消費者之姓名、地址、電話、電子郵件等資訊。　　2.C002 辨識財務者：如信用卡或轉帳帳戶資訊。

3.C003 政府資料中之辨識者：如身分證字號或護照號碼（外國人）。　　4.C011 個人描述：如性別、國籍、出生年月日。

國家圖書館出版品預行編目資料

贏在扭轉力/孔毅作.-- 初版.-- 臺北市：啓示出版：家庭傳媒城邦分
公司發行, 2015.12
面；　公分.--(Talent系列；34)

ISBN 978-986-91873-3-6(軟精裝)

1.職場成功法

494.35　　　　　　　　　　　　　　　　　　104018808

Talent系列
贏在扭轉力

作　　　者/孔毅（Roger I. Kung）
文 字 整 理/高永謀
企 畫 選 書 人/彭之琬
責 任 編 輯/彭之琬、李詠璇

版　　　權/黃淑敏、翁靜如
行 銷 業 務/何學文、莊晏青
總 經 理/彭之琬
事業群總經理/黃淑貞
發 行 人/何飛鵬
法 律 顧 問/元禾國際商務法律事務所 王子文律師
出　　　版/啓示出版
　　　　　　台北市104民生東路二段141號9樓
　　　　　　電話：(02) 25007008　傳眞：(02)25007759
　　　　　　E-mail:bwp.service@cite.com.tw
發　　　行/英屬蓋曼群島商家庭傳媒股份有限公司 城邦分公司
　　　　　　台北市中山區民生東路二段141號2樓
　　　　　　書虫客服服務專線：02-25007718；25007719
　　　　　　服務時間：週一至週五上午09:30-12:00；下午13:30-17:00
　　　　　　24小時傳眞專線：02-25001990；25001991
　　　　　　劃撥帳號：19863813；戶名：書虫股份有限公司
　　　　　　戶名：英屬蓋曼群島商家庭傳媒股份有限公司城邦分公司
訂 購 服 務/書虫股份有限公司客服專線：(02) 2500-7718；2500-7719
　　　　　　服務時間：週一至週五上午09:30-12:00；下午13:30-17:00
　　　　　　24時傳眞專線：(02) 2500-1990；2500-1991
　　　　　　劃撥帳號：19863813 戶名：書虫股份有限公司
　　　　　　讀者服務信箱：service@readingclub.com.tw
　　　　　　城邦讀書花園：www.cite.com.tw
香 港 發 行 所/城邦（香港）出版集團有限公司
　　　　　　香港灣仔駱克道193號東超商業中心1樓；E-mail：hkcite@biznetvigator.com
　　　　　　電話：(852) 25086231　傳眞：(852) 25789337
馬 新 發 行 所/城邦（馬新）出版集團 Cite (M) Sdn. Bhd.
　　　　　　41, Jalan Radin Anum, Bandar Baru Sri Petaling, 57000 Kuala Lumpur, Malaysia.
　　　　　　Tel: (603) 90578822　Fax: (603) 90576622　Email: cite@cite.com.my

封 面 設 計/徐璽
排　　　版/極翔企業有限公司
印　　　刷/韋懋實業有限公司
經 銷 商/聯合發行股份有限公司、華宣出版有限公司

■2015年12月22日初版　　　　　　　　　　　　　　　　Printed in Taiwan
■2023年 8 月24日初版10刷
定價360元

城邦讀書花園
www.cite.com.tw